小嶋老师的
蛋糕教室

从蛋糕坯开始学习近40种蛋糕的制作
"Oven · mitten"

〔日〕小嶋留味 著

李瀛 张倩 译

辽宁科学技术出版社
沈阳

图书在版编目（CIP）数据

小嶋老师的蛋糕教室 /（日）小嶋留味著；李瀛，张倩译. —沈阳：辽宁科学技术出版社，2013.2（2024.10重印）

ISBN 978-7-5381-7839-5

Ⅰ.①小… Ⅱ.①小… ②李… ③张… Ⅲ.①蛋糕—制作 Ⅳ.①TS213.2

中国版本图书馆CIP数据核字（2013）第002893号

出版发行：辽宁科学技术出版社

（地址：沈阳市和平区十一纬路25号　邮编：110003）

印 刷 者：辽宁新华印务有限公司

经 销 者：各地新华书店

幅面尺寸：168mm×236mm

印　　张：8

字　　数：200千字

出版时间：2013年2月第1版

印刷时间：2024年10月第15次印刷

责任编辑：康 倩

封面设计：袁 舒

版式设计：袁 舒

责任校对：李淑敏

书　　号：ISBN 978-7-5381-7839-5

定　　价：32.00元

投稿热线：024-23284367　987642119@qq.com

邮购热线：024-23284502

http://www.lnkj.com.cn

欢迎来到小嶋老师的蛋糕教室

只靠食谱是无法展现出点心制作的精髓的！这是我开办蛋糕教室二十多年的切身感受。当然，食谱本身非常重要是一个不争的事实，可我认为只有具备了搅拌、打发等能突显食谱精妙的制作技巧，才可以将优秀的食谱再现出来。而即便是同一个食谱，也有可能由于制作、搅拌方法的不同，最终做成另外的东西。

所谓制作点心，原本就是把面粉、白糖这类没什么形状的材料"适当搅拌，糅合在一起，做成坯"，所有的点心都是通过恰当的搅拌方法和刮盆方法的完美组合而诞生的。

本书将从制作点心的基本动作搅拌、打发、刮盆开始讲解。橡皮刮刀的拿法、用法环节也会细致讲解，请您一定摒弃自己的那套方法，按照本书中讲解的搅拌方法和制作流程来实践一下吧！而且不要忘记制作过程中要"仔细观察面团的状态"哟！相信您制作点心的水平一定会大大提高，也一定会做出与以往不同口感的蛋糕坯。同时，您也会切身体会到搅拌、刮盆这类既简单又老套的操作有多么的重要。怀着一个让您掌握这些基本动作的愿望，我将本书命名为"蛋糕教室"，而非"食谱大全"。

无论您是初次体验蛋糕制作，还是久经沙场，"跟着感觉走"是做不出美味的蛋糕的。一切制作工序皆有大文章，如果能做到将书中所讲充分理解，再根据自己的判断完成点心制作，那您的点心世界一定会更加广阔。请这样制作您的点心吧：查看面团时，"做完一步看三步"、"看完三步"手跟住，手的力道传给刮刀、打泡器，点心里面爱融入。我想这才是做出美味点心的基础。

小嶋留味

2011年7月

目录
CONTENTS

• 有关用具材料的注意事项和推荐产品等，请参照书中第126页。

• 本书使用的是热风对流电烤箱。预热方法请参照书中第6页。烤盘不预热。

• 1大勺为15毫升，1小勺为5毫升。

摄影　长濑由加利

美术设计　冈本洋平

造型　岛田美雪（冈本设计室）

点心师助手　鸭井幸子

编辑　池本惠子

1 选材要新鲜优质

要制作美味点心，新鲜又优质的食材是必不可少的。像鸡蛋、黄油、淡奶油等生鲜食品自不必说，就连像杏仁粉这样的坚果类食材也需要尚未酸化的新鲜材料，您在大脑中时刻记住：**尽早把食材都用掉吧**。另外，在购买食材时也要仔细检查，尽量选择添加物或混合物较少的材料（主要点心用具和材料请参照书中126页）。

2 计量要精准

制作点心的第一步是从精准的计量开始的。本书以克为单位来表述用量。使用计量杯容易出现误差，所以请务必使用电子秤。开始时要先将各个材料分别计量好，**粉末类则要计量后才可撒在点心上**。

3 烤箱的预热

烤箱预热为"目标温度加20~40℃"。之所以将温度提升这么多，是由于蛋糕坯放进电烤箱时，烤箱的温度会骤然下降30~40℃，箱内温度需要5分钟才能回升至适宜的温度。同样，达到预热温度后也不要立即打开烤箱门，要等5分钟后才可将蛋糕坯放进烤箱。此外，**请记住：尽量减少类似查看烘焙火候时开关烤箱门的次数**，每开一次烤箱门就应该把设定的时间延长1~3分钟。

4 模拟练习操作流程

制作材料备齐后，用大脑重新确认一下制作工序。因为不同种类的蛋糕坯需要各异的搅拌、打发方法，所以**在脑子里模拟想象一下各制作工序的目的和结果来练习一下吧。**出现几种制作顺序混在一起的情况时，本书中将"操作顺序"用流程图来标记。事先把握每道工序的目的和全部操作顺序，制作才会一气呵成，点心才能顺利完成。

● 操作顺序

充分搅拌黄油和砂糖

↓

将黄油打发起泡

↓

加入面粉搅拌 搅拌方法 B

↓

搅拌方法 B

5 把握温度

首先我们确认一下点心操作房的室温。**本书室温设定在19 ~ 23℃，书中提到的"设为室温或调节至室温"是指将食品温度调节至20℃左右。**因为我认为该温度是顺利完成制作工序的最佳温度。此外，还要注意准备阶段材料的温度和制作过程中面团的温度。将各材料保持最适合的温度不但可以使制作顺利进行，也可以打发出好看的泡沫、烤出漂亮的颜色，更可以无论何时都能让您稳定发挥，保持口味不变。

特别需要注意的是，室温以及食品温度在夏天或冬天相差很大，温度管理应更加小心。有时可以在搅拌盆下隔冰水（降温）或热毛巾（加温）用来调节蛋液、面粉等的温度。要养成用简便的非接触型温度计来时刻查看食品温度的习惯。顺便补充一下，**人体体温是指36℃左右。**

本书中所用的材料全部为日本销售的材料。中国大陆出售的鸡蛋、黄油、淡奶油、面粉（低筋面粉）等与日本市场的产品存在差异，所以会在一定程度上对成品点心的味道、膨胀程度产生不同的影响。请注意一下。

第一课
搅拌、打发、刮盆的基础

拿稳工具，力道均匀地紧贴搅拌盆操作

橡皮刮刀搅拌时每一下在面团上留下的2厘米左右宽的刮痕，搅拌器抵住搅拌盆的力道需均匀，搅拌时搅拌头的3根铁丝微弯。

搅拌

制作点心的基础工序。它是基础中的基础，因而容易疏忽，但一步一步高效地操作也使操作顺利进行，且面坯的制作水平也会随之提高。用具也要随搅好材料的状态、搅拌目的和制作手法的变化而改变。因此经常查看搅拌程度、面糊的变化还是很重要的。

→搅拌面粉的技巧请参照第12页

左右大幅度搅拌

这是一种迅速搅拌好各种液体或液体与其他材料的方法。握住搅拌器手柄，保持搅拌器的前端不离开搅拌盆，左右大幅度快速搅打，保证打泡器搅拌时要碰到搅拌盆的侧壁。→草莓蛋糕（91页第2步）

立着拿打泡器

是一种均匀光滑地搅拌有韧劲又浓稠的面糊的方法。单手握住搅拌器手柄铁丝的结合处，搅拌器前端牢牢抵住搅拌盆的底部或侧面，用把约3根铁丝微压弯程度的力道画圈搅拌。→烘烤型芝士蛋糕（63页第5步）

用橡皮刮刀按压搅拌

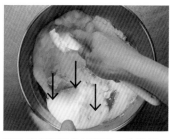

黄油等有韧劲的材料要一边按压一边搅拌。食指伸直放在橡皮刮刀身的前端，紧贴搅拌盆用力压实搅拌。由于黄油会变软，所以要在短时间内搅拌均匀。→磅蛋糕（39页第2步）

用筷子搅拌

为防止搅拌面粉时出筋，本书特别发明了**不破坏面粉的搅拌方法**。握住3根筷子使之张开，一边画圈一边搅拌，同时左手要旋转搅拌盆，35～40次就能粗略搅拌好。→法式咸蛋糕（109页第9步至之后）

打发

在打发鸡蛋、淡奶油、黄油的时候，使用手提电动搅拌器。使用时拿住搅拌器，保持搅拌头与操作台垂直，然后围着搅拌盆画大圈，且画圈时保证搅拌器的高度不变。以搅拌头碰撞搅拌盆侧壁出声为最佳。也就是说，重点是搅拌盆和搅拌头之间不要留缝隙。右手操作搅拌器的同时，左手要时不时旋转搅拌盆，这样就可以打发出均匀的泡沫了。本书中，搅拌充分所需的时间用"打发N分钟泡沫"来标记，请务必使用厨房计时器。

打发全蛋

这是一种类似海绵蛋糕中全蛋蛋糕类时，全蛋和砂糖一同搅打起泡的方法。搅打后"整体状态发白"为搅打不充分，所以发泡的时长也非常重要。提起搅拌头**在面糊里画"之"字，搅拌至"之"在面糊上暂时不退为佳。**

打发蛋白

虽说蛋白霜的用途和配料的不同会导致制作方法千差万别，但**戚风蛋糕的制作一定要生成足够量的泡沫，且蛋白霜要持续搅打至即将与搅拌盆分离的程度。**这样的蛋白霜在送入口中时就能产生轻盈绝妙柔软之感。（47页）

打发黄油

制作磅蛋糕的蛋糕坯需要充分搅拌黄油和砂糖后加入全蛋打发。将**黄油搅拌至类似发泡淡奶油的状态，搅打生成起泡越多就会做出越好的入口即化的蛋糕坯。**黄油在20℃左右发泡效果最佳。

刮盆

此操作是用橡皮刮刀将搅拌盆盆壁刮净。添加新材料前，或者进入其他工序时先刮盆，就能避免面糊搅拌不匀的危险。面糊移至另一搅拌盆时，或把面糊倒入模具时也要牢记利落的刮盆法。而为了不损伤面糊，则需减少刮盆的次数。搅拌盆壁的刮盆方法参照图1，面糊移至模具等处时需按下图1～图6顺序操作。

1 橡皮刮刀刀背紧贴盆壁，从正对自己的一侧开始按逆时针刮一圈。保持刮刀与搅拌盆形成的角度在35°～45°，稍微加快速度，一次刮一圈，将盆壁刮净。手肘抬起，橡皮刮刀垂直盆中。刮完一圈后手呈反握状态。

2 将搅拌盆向自己一方稍稍倾斜，用刮刀前端紧贴搅拌盆，按逆时针刮半圈左右，从时钟的5点钟位置刮至8点钟位置。

3～4 将搅拌盆更加向自己一方倾斜，用刮刀前端从右至左画半圆，从搅拌盆盆壁刮到盆底。之后顺着盆底一板一板地刮，大概刮3次就能把面糊刮入模具里。

5～6 把盆边下部和盆沿上黏着的面一点儿不留地倒入模具。刮一次的距离拉长，保持刮刀不离开搅拌盆。按1～6的顺序一共刮8次（8步刮净）。刮完后，盆里的面糊一点儿不剩。

▰关于橡皮刮刀

本书中提到的各部分名称

刀背或者长边
橡皮刮刀中成直线部分的边。
利用此部位刮盆的侧壁。

头
橡皮刮刀前部翻拌按压的
部位。利用刮刀的弹性按
压搅拌或刮盆底的面糊。

刃
橡皮刮刀前端呈弧形的部
分。在搅拌面料和粉末时,
力道均匀,使这部分紧贴盆
壁来操作。

握法
将刮刀刀刃朝下,手掌紧握手柄至完全
盖住。伸出食指与拇指夹住手柄,使刮
刀固定。背面效果图(下面的图)。搅
拌时手持刮刀,食指用力,手腕不动。

▰裱花袋的使用方法

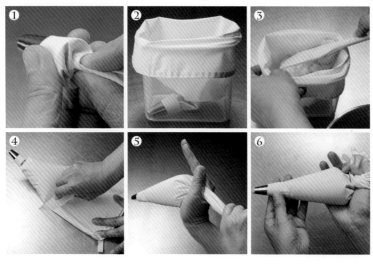

1 把裱花嘴放进裱花袋,在裱花
嘴上部捻动裱花袋将其塞进裱
花嘴。

2 找一个深一点儿的容器,将裱
花嘴朝下放进去,外翻敞口处
固定在容器上。

3 填充奶油或面糊。

4 把装好料的裱花袋平放在操作
台上,用刮板边沿裱花袋敞口
处向裱花嘴处刮,把面料往前
推。

5 用右手拇指和食指夹住裱花
袋,左手抓住裱花袋后方无面
料的部分朝自身方向拉。

6 顺势把裱花袋在右手拇指上绕
一圈,左手托起裱花嘴部分。
右手用力时刻保持裱花袋紧
绷,这样挤出的效果才更佳。

第二课
把面粉倒入打发好的材料中搅拌

把面粉倒入打发好的鸡蛋或黄油中搅拌时需要适合的技术。搅拌方法不恰当会造成面糊均匀不一，或对面糊太用力而导致失败。这种"和面粉"的技巧正是本书的灵魂，也是做出优质点心所必不可少的。这里介绍的4种方法均是从全蛋海绵蛋糕搅拌方法派生出来的方法。

基本的搅拌方法

搅拌方法A **"杰诺瓦士海绵蛋糕搅拌法"**

是一种面粉倒入打发好的蛋液里的搅拌方法。用橡皮刮刀的板面进行搅拌。
制作草莓蛋糕（参照92页12～17）等使用。

1 在时钟2点钟位置（实际是1点半至2点钟的位置，以下皆同）入刀。左手握住搅拌盆9点钟位置。

2 刀刃（刀背圆弧部）紧贴盆底，穿过盆中心沿直线刮至8点钟位置（7点半至8点钟位置，以下皆同）。刀刃始终保持与搅拌盆成直角。

3 刮刀刮至搅拌盆底边处，将刮刀面稍稍朝上承载一定的面糊，刀刃顺着盆壁刮。其力道也要和刮盆底时相同，而且要紧贴盆壁。

4 沿着盆壁刮12～15厘米至9点半位置。刮盆壁时左手把盆逆时针旋转至7点钟位置。

5 刮板沿着盆壁仔细搅拌面糊，面糊都要搅拌到。盆壁上不能残留面糊。

6 从9点半位置划至盆中心时手腕自然翻转。左手从7点位置退回至9点钟位置抓盆，然后再退回第1步按顺序操作。搅拌以10秒内反复操作6～8次的速度匀速进行。

基本的搅拌方法

搅拌方法B "蛋糕卷搅拌法" 本书为突出效果使用了淡奶油

与杰诺瓦士蛋糕的搅拌法A很相似,只是
搅拌细颗粒的面粉或少量面粉时很有效。
制作蛋糕卷(101页的8~11)等使用。

1 在时钟2点钟位置入刀。左手在9点钟位置拿盆。

2 刀刃(刀背圆弧部)紧贴盆底,穿过盆中心沿直线刮至8点钟位置。

3 刮刀刀面稍稍朝上刮至搅拌盆底边处,同时左手把盆逆时针旋转至7点钟位置。

4 刮刀顺着盆壁刮,刮刀离开面糊也不要翻转手腕,刮刀面朝上在离盆中心左上方约3
   厘米处,上下摔一下,"咚"一声把面糊甩回盆里。甩面糊可以防止细粉结成疙瘩,
   还可以不留死角均匀地搅拌。

5 回到第1步再来一次。

*在能顺畅的操作左页的"杰诺瓦士海绵蛋糕搅拌法"之后,可以不进行第4步的操
   作,直从第3步骤跳到第5步骤操作。此时的重点是速度,10秒内要搅拌14~15次(快
   速搅拌的话不容易形成面粉颗粒)。

基本的搅拌方法

搅拌方法C "黄油蛋糕搅拌法"

往打发好的黄油里倒入面粉搅拌的方法。
因黄油质地较硬,所以搅拌速度与方法A杰诺瓦士海绵蛋糕的搅拌速度相比较
慢。和杰诺瓦士蛋糕不同,方法C的特点是把搅上来的黄油糊再甩回盆中。

1 在时钟2点钟位置入刀。左手在9点钟位置拿盆。

2 刀刃(刀背圆弧部)紧贴盆底,穿过盆中心沿直线刮至8点钟位
   置。

3 刮刀刮至8点钟位置时,刀面稍稍朝上刮至搅拌盆底边处,同时左
   手把盆逆时针旋转至7点钟位置。

4 刮刀仔细刮至9点半位置。此时刮刀尽量载满大量的黄油糊是关
   键。刮刀托着大量黄油糊时不要立即翻转,要将刮刀朝上平移至盆
   中心。

5 然后手腕快速翻转90°,将刮刀前端轻轻接触碰盆底,弄掉黄油
   糊。在10秒内搅拌4~5次。回到第1步继续翻转甩到盆中心的黄油
   糊。

基本的搅拌方法

搅拌方法D "戚风蛋糕搅拌法"

蛋白霜和其他材料的搅拌方法。

搅拌时使用刮刀刀刃（圆弧部）而非刮刀刀身，在盆中快速画椭圆搅拌。

制作戚风蛋糕（48页的13、14）等使用。

 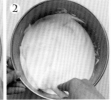  

1 在搅拌盆中心附近入刀，刀刃朝向左下方。左手在9点钟位置抓盆。

2 刮刀刮至盆的左下方底边处，刮刀前端需发出"咣"的一声接触到
　搅拌盆。

3 刮刀面朝上抬起4～5厘米立刻回到工序1。

4 要领是在稍稍偏离盆中心左下方的地方，画长轴10厘米×短轴5厘米
　的椭圆。这种搅拌方法不要翻转手腕。每画一个圈，左手都要逆时
　针旋转搅拌盆至7点钟位置。该操作要连贯，1秒搅拌2次左右。搅拌
　到最后要35～45次（20～25秒内）就能把蛋白霜和其他材料搅拌在
　一起。快速操作会避免蛋白霜形成小颗粒。

布丁 *Crème caramel*

本篇将介绍传统脱模型布丁的制作方法。

此种布丁虽然凝固后不易碎，但茶匙插进去时感觉却很软，口感也很嫩滑。这就是淡奶油和蛋黄相加的效果。

焦糖略苦加上香草，做出来的口味柔和且感觉高级。要点是低温点火，时间不要太长，火候不要太大，且蒸好后立即从烤箱里取出。用深烤盘当盖子，时刻注意火候，保持150℃低温慢慢蒸。

即便如此，由于烤箱种类和烤箱内各部位的不同也会出现温度差。摸透烤箱特点前要做好失败几回的准备，以摸索总结出最合适的时间。

材料（8个100毫升布丁杯）

牛奶 460克

淡奶油 40克

细砂糖 120克

香草荚 1/5根

全蛋 150克

蛋黄 42克

焦糖

　细砂糖 45克

　热水 30克

前期准备

· 烤箱预热〔目标温度150℃+
（20~40）℃〕。

🍴**最佳食用时间**🍴

· 在冰箱中充分冷藏最佳。

· 在冰箱里可冷藏保存3~4天。

要点

· 低温慢蒸是口感嫩滑的秘诀。而且
用烤盘当盖子蒸布丁也可以使火候
均匀，蒸出来的布丁表面也不会太
硬。

· 烤箱里各地方的温度都不相同，所
以布丁要按照放入烤箱的顺序依次
取出来。

· 添加香草子可以中和鸡蛋的腥味，
做出来的布丁口感与家常布丁不
同，有高级餐厅的味道。个人推荐
使用马达加斯加出产的香草豆。

· 确认是否蒸好时，其时间要事先设
定好，查看次数在1~2次。否则多
次打开烤箱门会使烤箱温度下降，
最终导致蒸的时间延长。所以务必
调整好查看的次数和时间。

制作焦糖

1 砂糖放入锅中，开中火加热，用
木制锅铲搅拌至浆状。待颜色变红
将火关小。

2 锅中液体沸腾变成茶色后关火确
认糖色。慢慢晃动糖锅让糖均匀变
焦。之后迅速加热水快速搅拌。注
意加热水时容易迸溅，留神不要被
烫伤。

3 搅拌盆里加水后，将做好的焦糖
滴入水中少许，出现凝固焦糖就做
好了。焦糖不够焦的话成品会偏
甜，至稍稍熬焦的程度即可。

4 将熬好的焦糖分别倒入准备好的布丁杯里，注意不要使用茶匙等工具，要直接倒。因焦糖在冬天凝固得特别快，所以动作要一气呵成。

5 杯中焦糖的量为：不盖满杯底，留出一点儿空隙。焦糖的量根据个人喜好可适当调整，但焦糖太多整体偏甜，会盖过布丁材料原本的口味，因此不要破坏整体的协调感。

6 用刀背刮香草荚将子取出。

7 锅中倒入牛奶、淡奶油、2/5的砂糖以及第6步提到的香草荚壳和子，加热至40～45℃。如果这些材料在加入蛋液时温度偏高，最后蒸烤时材料会快速升温，导致口感变差，注意不要加热过度。

8 搅拌盆中放入全蛋和蛋黄，用搅拌器轻轻打散，注意搅打过程中不能出泡。左右来回大幅度搅打，一方面不能出泡，另一方面搅拌器前端保持不离开搅拌盆。

9 加入剩下的细砂糖，搅打时同样不能出泡。

10 充分搅打至砂糖溶化、蛋液呈透明清澈状态。加入牛奶后，就不好搅打了，所以这里应充分把鸡蛋搅打均匀。

11 将第7步的材料加热至40℃后，倒入第10步的材料中搅拌。

12 慢速搅拌至各材料均匀。搅拌器前端不离开搅拌盆搅打，搅拌过程中不能出现多余的气泡。

13 用细眼筛网过滤第12步材料。如果搅拌均匀，筛网上就会残留香草枝细末和鸡蛋的系带（固定蛋白蛋黄的筋状物）。如果蛋清残留过多就证明鸡蛋和砂糖没有充分搅拌。搅拌均匀才可以做出嫩滑的布丁来。

14 过滤好后，撇去布丁蛋糕表面残留的小气泡。因为不能除去香草子，所以撇气泡时不要用纸吸，要用汤勺或茶匙利落地撇出。

15 此时布丁蛋糕的温度在30℃左右最为理想。30℃左右可以综合各材料蒸烤成熟的时间，可以保证布丁制作得又快又好。若温度过低，则蒸烤时间延长；若温度过高，则火候偏大无法做出嫩滑的口感。

烤前准备

16 在方形深烤盘中垫上毛巾或烤盘纸，依次摆好5个布丁杯，将第15步的蛋糕倒入杯中。杯中斟8分满时稍稍搅拌一下盆底，然后将剩下的蛋糕平均倒入杯中。蛋糕分两步倒入是由于盆底容易沉淀香草末。

17 将50℃的温水注入烤盘，温水高度1.5厘米即可。倒温水时将布丁杯推往一侧以防止温水溅到杯里。水温固定有利于把握蒸烤时间。

18 取另一烤盘盖在上面后一同放入烤箱。做盖子用的烤盘不必很深，只要正好盖住下面的深烤盘且高出布丁杯，使盘内水蒸气流动即可。

烤制

19 放入烤箱150℃隔水加热40分钟左右。烘焙的时间仅供参考，以烘焙程度来判断是否烤好。取出布丁杯轻轻晃动，整体出现些许颤动视为蒸熟。如仅有中间部分略微颤动则需要继续蒸烤。另外，需注意烤好后应按顺序取出布丁杯，这是因为烤盘里的水也会导热给水中的布丁杯，导致布丁变硬。烤好晾凉后放入冰箱冷藏。

脱模方法

用刀贴边插入布丁杯转一圈。顺势扣在盘子里快速脱模。

昂糯蛋糕 Crémet d'Anjou

昂糯蛋糕是以白奶酪（鲜奶酪）为原料的一款雪白色的冰爽小点心。

虽然它在日本还不太为人所熟知，但其口感凉爽、口味温润的特点却为人所爱。

这款点心制作时如果有白奶酪，则不必使用凝固剂（鱼胶）也可以轻松完成。

在这里本书向您介绍的沥水方法是无须沥水工具，只用纱布和烹调纸就能简单有效地沥去水分的方法。此外，虽然大家都因为意式蛋白霜不好制作而多对其敬而远之，此款点心中需要的量很少且操作简便，因此，首次尝试制作点心的人也可牛刀小试。当然，基本制作完成已经相当美味，若再淋上一层甜味酱汁则更别具风味。书中将介绍蜂蜜和树莓酱这两款香气扑鼻的酱汁制作方法。

材料（直径6厘米的点心5个）

白奶酪 120克（沥干水分后）

水 14克
细砂糖 55克

蛋清 41克
细砂糖 6克

酸奶油 90克
淡奶油 90克
树莓（完整树莓，冷冻或新鲜） 5个

前期准备

· 过滤白奶酪的水分

· 准备5张能包裹30厘米×20厘米材料大小的纱布，准备捆绑纱布用的同样数量的橡皮筋。另外，还需准备6～6.5厘米深的活底蛋糕模或者相同深度的布丁杯。

· 制作当天至第二天为最佳时间。

· 包上纱布，放在保鲜盒里可冷藏保存2天。

要点

· 前期准备和收尾阶段都需要充分沥干水分。最初准备阶段用咖啡滤纸，收尾阶段则用烹调纸将水分沥干。

· 意式蛋白霜需冷却至5℃以下才可加入奶油。这样才能确保口感不松散，入口即化。

· 酱汁有两种。都是无须加热，可以享受材料本身风味的类型。

· 白奶酪、酸奶油使用的是中泽乳制业公司的产品。

准备白奶酪

1 用咖啡滤纸和烹调纸过滤白奶酪，将其冷藏2～3小时以沥干水分。白奶酪从150克减轻至120克左右。注意要将其一直冷藏至使用前。

制作意式蛋白霜

2 熬制水饴。小锅里加入水和砂糖加热。糖很多，需要用茶匙等工具一直搅拌至溶化、煮沸后继续熬煮1分钟。水面翻滚，有大量气泡不断生成的程度即可。如果有温度计，设定在110～120℃。

3 在第2步加热时，可同时打发蛋清。中号搅拌盆里倒入蛋清加糖。打开电动搅拌器高速打发蛋清1.5～2分钟，蛋白霜至8～9分发泡。

4 搅拌器调至慢速,将第2步的水饴全部倒进蛋白霜中。蛋白霜很少,水饴倒入时要一气呵成才能不凝固。之后用搅拌器再打发30秒左右。注意蛋白发泡的时间要和水饴熬成的时间调节一致。

5 然后用冰水垫在搅拌盆下冷却,搅拌至人体体温温度。打发至具光泽、很细腻、呈钩状即可。

6 第5步材料的温度降至20℃以下后,用刮刀抹平、抹匀。之后放入冰箱冷藏至5℃左右。

制作蛋糕坯

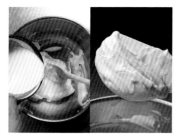

7 在第1步的白奶酪里倒入酸奶油搅拌。然后分3～4次加入液态淡奶油。每加一次淡奶油要用力搅拌30～40次使面糊紧实。

8 第7步搅拌好的面糊和意式蛋白霜软硬相同时加入蛋白霜。蛋白霜要用刮刀轻轻搅拌一下,分两次加到盆里。

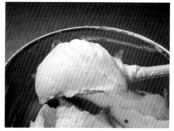

9 大幅度搅拌30次左右拌和均匀。白奶酪的微黄和意式蛋白霜的雪白颜色调和均匀即可。

成形

10 把准备好的纱布铺在活底蛋糕模上。第9步里搅拌好的面糊取出70～73克塞入蛋糕模内,再在中间放一个树莓。

11 用纱布把面糊包成圆球,然后用橡皮筋把口扎紧。

12 烤盘里垫上3张烹调纸,调整形状后摆好。包上保鲜膜冷藏6小时以上。垫上烹调纸可以充分吸收掉水分。

13 待充分冷却后用手握圆，拆开纱布。

14 扎口处朝下摆到盘子里。淋上喜欢的酱汁。

树莓酱汁

材料

杏肉果酱 15克

　　制作方法参照124页或到商店购买。

糖霜 10克

冷冻树莓蓉 50克

此款酱汁经常搭配淡奶油混合淋在戚风蛋糕上，或者用于坚果冰淇淋、法式巧克力蛋糕（73页）的搭配。因为无须加热，所以水果香味得以保留。可在冰箱里保存7天。

制作方法

1 搅拌杏肉果酱，倒入一半糖霜充分搅拌。杏肉果酱很黏稠，可以促进融合。

2 倒入解冻好的树莓蓉用刮刀搅拌。再倒入剩下的糖霜，充分搅拌。搅拌前争取不过筛（如果出现颗粒则需要过筛）。

蜂蜜香草酱汁

材料

薰衣草蜂蜜（法国产） 50克

香草荚 1/4根

柠檬汁 10克

制作方法

1 取出香草子。

2 第1步材料中加入蜂蜜后充分搅拌，加入柠檬汁即可。柠檬汁和香草枝可相互提升香味。

费南雪蛋糕 *Financier*

这款费南雪蛋糕集贵族气质的黄油香和凝练的烤制火候于一身。

它带给人的是一扫黄油的油腻，自然轻松后意犹未尽的感觉。

通过两种不同种类黄油的融合烤制，更提升其浓厚的味道。

要点是制作面料时的"充分搅拌"。

蛋清和面粉搅拌120次、加入焦化黄油后再搅拌100次以上。

这样面粉和黄油充分融合在一起，且蕴涵了一定量的空气，口感更加轻盈。

制作费南雪蛋糕需要略深的模具，在倒入面料前要仔细涂抹黄油。

它在高温下短时间烤成，因此外边焦香、里边绵甜。

材料

（8厘米×5厘米费南雪蛋糕用方形深底模具15～16个）

无盐黄油（发酵） 65克

无盐黄油 65克

蛋清 138克

水饴 3克

┌ 低筋面粉 57克

│ 杏仁粉 57克

└ 细砂糖 140克

前期准备

· 低筋面粉、杏仁粉、细砂糖
分别过筛摊开。

· 预热烤箱〔目标温度210℃＋
（20～40）℃〕。

▌最佳食用时间▐

· 烤好当天口感酥脆，隔天整体逐渐变得
发潮。

· 保存时要个别包装，密封保存。期限大
约为室温下5天，冰箱可存放7～10天。
食用时要等温度回升至室温。

要点

· 杏仁粉采用美国加州产卡米尔
(Carmel)杏仁。该品种以香味大、
口感轻盈著称。

· 两种黄油（发酵和非发酵）混合能
带出黄油浓厚的味道，也能突出杏
仁的香味。

· 在模具里涂抹厚厚的黄油使烤制出
的点心口感酥脆且具有黄油的浓
香。使用脱模油则做不出这样的香
味。

· 水饴可以提高点心的保湿性，能做
出口感绵软的效果。

· 可以根据喜好烤出不同形状，与效
果图右下角的几个相类似均可。改
变形状也可以享受不同的口感。无
论想做什么形状，都不要忘记在模
具里厚厚地涂上一层黄油。

模具准备阶段

1 将涂抹模具用的黄油恢复至室温，用毛刷厚厚地涂抹均匀。夏天时，需要涂完后把模具放入冰箱冷藏。这层黄油是品尝时感觉到的第一道香味，所以要仔细涂抹且不能用其他油脂代替。

2 分别将低筋面粉、杏仁粉、砂糖撒匀在纸上后混合搅拌。如果先拌和后撒开，烤出的点心会过于膨起，注意要在搅拌前分别平铺撒匀。

熬煮黄油

3 两种黄油倒入锅中，大火加热至变色。沸腾至有较大气泡翻腾时，用汤勺翻搅继续加热。在旁边预备装有冰水的搅拌盆。

4 用汤勺几次盛起黄油再倒回锅中，以确认黄油的颜色。小气泡慢慢变色，待液体全部变成褐色即成。然后迅速抬起锅垫在冰水上冷却，停止焦化。

5 确认锅底黄油是否已经焦化（乳浆成分）。一直在冰水上冷却黄油会凝固，要立即移开锅。

制作蛋糕坯

6 搅拌盆里倒入蛋白隔在60℃的热水上轻轻搅打，蛋白温度升至40℃。搅打时允许适当起泡。

7 水饴倒入中号搅拌盆里隔在温水软化。如软化时间过长，水饴表面会变干，所以软化时间不要过长。

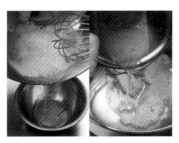

8 水饴软化后，加入第6步的一部分蛋清仔细搅拌混合。再把这些倒入第6步的搅拌盆里均匀搅拌至液体透明清冽。

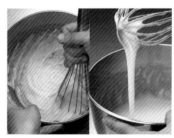

9 第8步里倒入第2步的各种粉末，用打泡器来回搅拌120次。单手立着握紧打泡器抵住盆底贴着盆壁搅拌，速度为1秒搅拌一周的程度。开始时面糊可能有些发紧，搅拌均匀后渐渐形成液体状态。

10 趁第5步熬好的黄油尚温，用筛网筛入第9步的液体。如果黄油已经冷却，就加热至50℃后再使用。

11 和第8步相同，均匀搅拌100次。

12 裱花袋口用塑料夹子加紧倒入第11步面料。

烤制

13 拿出第1步提到的模具，挤入面料至模具8分高。如果没有裱花袋也可用茶匙舀到模具里。

14 放入210℃的烤箱烤10分钟，然后调到200℃继续烤5分钟。待表面颜色烤成茶色、边缘有烧焦颜色，就可以取出了。脱模后放到晾架上晾凉。

玛芬蛋糕 *Muffin*

玛芬蛋糕既有冷却后也仍然酥脆的酥粒，又有蛋糕入口即化的轻盈。

我们来体验一下玛芬与以往不同的美味感觉吧。

此款蛋糕的面坯是先把黄油和鸡蛋"充分搅拌"，然后让面料吸收适当的空气后再添加面粉，"简单朴素"地搅拌而成。

加入泡打粉，再倒入大量的牛奶。采用无气泡搅拌方法，切记要减少搅拌步骤。

搅拌过猛会导致面粉出筋，从而导致味道和口感下降，应当引起注意。

另外，这款玛芬蛋糕虽然混合了水果、果酱类、酸奶油等水分较大的馅料，面坯吸收这些水分反而会烤出口感更加的蛋糕。馅料和模具形状可根据个人喜好随意变换，尝试创新不同的风味。

苹果　　　　　　　　　　　　豆类

香蕉+菠萝　　　　　　　　　草莓+白巧克力

经典玛芬蛋糕
杂莓巧克力玛芬蛋糕

材料

（用量为底部直径5.5厘米×口径7厘米×高3厘米的玛芬模具6个）

玛芬蛋糕坯

　无盐黄油 62克

Ⓐ　黄糖 67克

　　细砂糖 17克

　全蛋 62克

Ⓑ　低筋面粉 155克

　　泡打粉 4克

　牛奶 62克

馅料

　个人喜好的考维曲巧克力（couverture） 40克

　黑加仑（冷冻）

　蓝莓（冷冻）

　树莓（冷冻）

　共计80克+适量（用于装点）

　金宝酥粒（右图） 90克

蛋糕坯

金宝酥粒和馅料

前期准备

- 将Ⓐ、Ⓑ中的材料粗拌均匀。

- 黄油整体调至均等厚度，用保鲜膜封存至室温（20℃）。厚度均等可使整体温度达到均一，便于操作。

- 考维曲巧克力用微波炉稍微加热至能切开的温度，切成6毫米大小的方块。

- 玛芬蛋糕模具垫蛋糕杯。

- 烤箱预热。〔目标温度180℃+（20～40）℃〕

⫿最佳食用时间⫿

- 烤出后立即食用。

- 烤好后第二天也可以美味享用，但要用烤箱将其再次加热才能恢复松软的口感。

- 可以冷冻保存，但口感稍有下降。

●操作流程

搅拌黄油砂糖至融合

↓

打发黄油

↓

加入鸡蛋打发

↓

加入面粉和牛奶搅拌 `搅拌方法C`

↓

拌入馅料 `搅拌方法C`

↓

撒上金宝酥粒烘焙

要点

- 打发黄油、加入鸡蛋搅拌至气泡完全吸收就可以做出口感松软轻盈的蛋糕坯了。

- 打发黄油时尽量保证其温度不变。夏季黄油太稀隔冰水，反之，冬天黄油凝固，垫在蒸过的热毛巾上来管理温度。

- 面团搅合后以残留少许面粉为佳，馅料搅拌完毕时面粉也都均匀搅合即成。

- 口感酥脆的金宝酥粒可冷冻保存，事先可多做一些备用，很方便。也可以用在像撒在苹果上烘烤这种简单的甜品制作中。

- 加入水果（富含的水分）可以增加面团的弹性。搅拌红糖和细砂糖可以做出浓厚适宜、甜度适中的蛋糕。

金宝酥粒

材料（烤成后约320克）

无盐黄油（发酵）80克

Ⓒ
- 低筋面粉 90克
- 杏仁粉 90克
- 细砂糖 67克
- 盐 一小撮

1 黄油切成1厘米见方的小块，放到冰箱里冷藏。

2 Ⓒ中材料都放入搅拌盆搅拌。

3 第1步中的黄油放入第2步材料里撒面粉。先撒面粉黄油就不粘手，便于操作。

4 用手搓碎一半的黄油块，在黄油熔化之前快速完成。

5 手指一边搓一边搅，将剩下的一半也搓碎。

6 渐渐搓成芝士粉状，检查黄油没有大块即可。装入塑料袋后放置冰箱中冷冻，每次只取出需要的量。

※ 金宝酥粒中加入黑芝麻、叶荣、肉桂粉、坚果碎粒等也很好吃。

制作玛芬蛋糕坯

1 将室温状态下的黄油放入搅拌盆。软硬度为手指能戳出痕迹的程度即可。

2 倒入搅合好的Ⓐ，使用刮刀按压着搅拌。直至黄油和糖霜充分融合即可。

3 电动搅拌器高速挡搅拌3分钟，打发至膨松状态。画大圈搅拌，幅度达到搅拌器头部碰到盆壁的程度。另外，要时常逆时针转动搅拌盆。

4 分3次倒入蛋液。每加1/3就用搅拌器打发1.5分钟。备好的蛋液温度为：夏季稍低（16~18℃）、冬季稍高（20~23℃）。

5 吸收空气至膨松状态。以盆底留有搅拌器的划痕为理想状态。打发好的面糊温度保持在18~20℃。

6 交替倒入搅合好的材料Ⓑ和牛奶。先倒入1/3的粉末类，用刮刀刮盆，横穿底部直径反复轻搅15次。之后按照 搅拌方法C（13页）中介绍的"黄油蛋糕搅拌法"进行。

7 粉末未充分融合时倒入一半牛奶，以相同的手法搅拌8次。整体为搅拌均匀时倒入剩下的粉末类材料的一半，搅拌15次，然后倒入余下的牛奶搅拌8次。这里提到的搅拌次数只是大约次数，心中默数次数的同时还要时常观察面糊的状态。

8 加其余的粉末类材料搅拌12~15次，搅拌至少许粉末未充分融合的状态。

9 搅拌完成。面糊中可看见少许粉末状材料最佳。这是因为之后还要拌和馅料，所以留少许粉末材料不用充分融合。

拌和馅料

10 加入馅料。直接加入未解冻的黑加仑、蓝莓、树莓。

11 刮刀紧贴盆壁，刮起材料搅拌6次。搅拌方法C。拌和后以粉末材料消失为佳。搅拌过度会失去蛋糕的松软口感。

装入容器和点缀

12 垫好玛芬杯的模具中装入蛋糕坯。茶匙取满（约90克）蛋糕坯，用食指快速刮一下装入模具中。

13 捏住准备好的金宝酥粒,均匀地撒在蛋糕坯上。每个撒15克左右。

14 把装点用的水果按压到蛋糕坯里。

15 放进180℃的烤箱中烘烤25分钟。待到蛋糕坯膨起出现裂缝,且有烤焦的颜色出现时就完成了。烤好后脱模晾凉。

玛芬蛋糕的新风味

苹果

混合肉桂香的烤苹果风味。
建议选用红苹果。

材料(底部直径5.5厘米的玛芬模具6个)

玛芬蛋糕坯
　与30页等量
馅料
　苹果
　120克+1整个(用做装饰)
肉桂口味金宝
　金宝酥粒 60克
　肉桂粉 1小勺

※一个玛芬的量为:玛芬蛋糕坯70克,馅料20克+1/6个苹果(用做装饰。2块12等分的苹果),金宝酥粒10克。

1 苹果削皮,用做馅料的切成1厘米的小块。用做装饰的竖着切4等分,然后再横着切3等分。用刀顺着纹理切。

2 肉桂粉撒在金宝酥粒上拌匀。

3 按照31页步骤1~9制作玛芬蛋糕坯。蛋糕坯中加入苹果馅大幅度搅拌,分装在模具中。撒上装饰用的苹果和肉桂口味的金宝酥粒。

4 放入180℃的烤箱中烘烤25分钟。

🫘豆类

随意把3种豆类和金宝酥粒搭配在一起。
品味日式食材的传统怀旧。

黑豆+黄豆粉
鹰嘴豆+黑芝麻
红豆+黑芝麻

材料（底部直径5.5厘米的玛芬模具6个）

玛芬蛋糕坯
　　与30页等量（没有水果的水分），
　　只是牛奶从62克增加到70克
馅料
　　蜜豆（黑豆、鹰嘴豆、红豆）
　　　制作方法参照123页
　　　各30～40克+适量（装饰用）

　金宝酥粒　80克
　黑芝麻　8克
　金宝酥粒　40克
　黄豆粉　4克

※ 左边标记的馅料各制作2
份。
金宝酥粒中的黑芝麻可做4
份，黄豆粉可做2份。
1份用量为：
玛芬蛋糕坯71克
馅料
　　20克+适量（装点），金
宝酥粒20克。

1 制作蛋糕坯，方法与31页步骤1～9相同。把
　蛋糕坯3等分（各142克）后分别加入酥粒蜜
　豆（黑豆、鹰嘴豆、红豆）拌和。

2 金宝酥粒里混入炒好的芝麻或黄豆粉拌匀。

3 蛋糕坯做好后分别装进模具中，撒上个人喜
　好的金宝酥粒。装点适量的蜜豆。

4 放入180℃的烤箱烤25分钟。

🍌 香蕉+菠萝

方形椰子味。
其热带水果的风味独具魅力。

材料（19.5厘米的方形模具1个）

玛芬蛋糕坯
　　与30页蛋糕坯等量
馅料
　　香蕉90克+90克（装饰用）
　　菠萝90克+90克（装饰用）
椰味金宝酥粒
　　金宝酥粒　100克
　　椰蓉　15克

1 做馅的香蕉和菠萝切成1厘米的小块，装饰用的香蕉切成5厘米厚的片，菠萝切成1厘米的块。

2 金宝酥粒中混入椰蓉。

3 制作蛋糕坯，方法与31页步骤1~9相同。蛋糕坯中加入香蕉和菠萝馅料大幅度搅拌后，装入铺好烹调纸的模具中，用刮板抹平。

4 装饰香蕉和菠萝，碾碎椰味金宝酥粒加在水果间。

5 放入180℃烤箱中烤45~50分钟。

🍓 草莓+白巧克力

磅蛋糕模具烤制的牛奶草莓味玛芬。
草莓和白巧克力是最佳拍档。

材料
（20厘米×11厘米×高7.5厘米的磅蛋糕模具1个）

玛芬蛋糕坯
　　与30页蛋糕坯等量
馅料
　　草莓　80克+10颗（装饰用）
　　白巧克力　42克
　　金宝酥粒　80~100克

1 草莓切开，做馅用的4等分，装饰用的2等分。白巧克力切碎。

2 制作蛋糕坯，方法与31页步骤1~9相同。蛋糕坯中加入草莓和白巧克力搅拌后，装入铺好烹调纸的模具中，用刮板抹平。

3 碾碎金宝酥粒加在装饰的草莓中。

4 放入180℃烤箱中烤45~50分钟。

磅蛋糕 *Quatre-quarts*

本章介绍松软轻盈、有弹性又绵甜的磅蛋糕。

这种蛋糕采用黄油加糖搅拌后，再加蛋拌匀的糖油拌和法，但"鸡蛋和粉类拌和的方法"却与一般食谱不同。黄油和砂糖要先打发5分钟以上，然后再加入鸡蛋继续打发至少8分钟，最后加入粉类拌和80次以上。当黄油、砂糖和鸡蛋生出细小的气泡时，加入粉类裹住这些气泡形成一个看似"圆柱体"的形状。

要拌和这么多东西，因此搅拌要轻柔，作用于蛋糕坯上的力道不能太重，这点就显得很重要。另外，一般做法中4种材料（黄油、砂糖、鸡蛋、面粉）皆为相同比例，但这里介绍的做法中，鸡蛋减少至原来的85%。这样做可以避免造成蛋糕坯膨胀后塌陷，也能使鸡蛋和面团融合在一起而不会油蛋分离。

掌握拌和方法就能做出有弹性、回味无穷的磅蛋糕来了。

大家一起来体验一下烘焙点心的精妙吧。

抹茶　　　　　甜橙　　　　　香辛料

经典磅蛋糕
香草磅蛋糕

材料

（8厘米×14厘米×高6厘米的磅蛋糕模具2个）

蛋糕坯

　　无盐黄油（发酵）　130克

　　细砂糖　130克

　　香草荚　1/4根

　　全蛋　110克

　　┌ 低筋面粉　130克

　　└ 泡打粉　1克

糖水

　　水　50克

　　细砂糖　10克

　　香草荚壳（上述香草荚使用后剩下的部分）

前期准备

· 黄油整体调至均等厚度，用保鲜膜封存至室温（20℃）。

· 准备一张剪成下图所示样子的烘培纸待用。纸张要与模具同样高度。

· 模具为长14厘米的定制模具。

· 事先从香草荚中取出香草子备用。

· 低筋面粉和泡打粉拌和后过筛。

· 预热烤箱〔目标温度180℃+（20~40）℃〕。

●操作流程

拌和黄油和砂糖

↓

打发黄油

↓

加入全蛋打发

↓

加入面粉搅拌 搅拌方法C

↓

烘焙

￥最佳食用时间￥

· 烤好后当天到一周内均能保持口感甜美。冷藏保存下，食用时恢复至室温也能恢复口感。

要点

· 使用发酵黄油更好吃。同非发酵的黄油在口感上有很大区别。

· 黄油的温度会影响发泡效果，也会影响蛋糕坯的质量，所以在操作时（搅拌盆里）保持在20℃左右。温度过低打发的效果就不好，过高蛋糕坯会失去弹性。

· "仔细打发，仔细搅拌"是重点。蛋糕坯打发效果和搅拌方法对蛋糕最终成功与否影响很大，具体步骤中有详细说明。

· 糖水搅拌时要注意保湿。此外要保持蛋糕的绵软口感，食用前不要揭去烘培纸。

制作蛋糕坯

1 将黄油温度恢复至室温状态。用手指能戳进黄油的程度为最佳。黄油在21℃下发泡更多，所以保证黄油的温度在夏季时稍低（18～19℃），在冬季时稍高（21～22℃）开始打发最适宜。

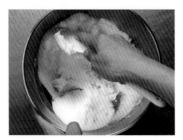

2 搅拌盆中放入黄油、砂糖、香草子，用刮刀按压着搅拌至均匀。

3 换电动搅拌器，并高速打发5分钟。搅拌器的头部铁丝挨着盆壁以1秒2周的速度画大圈搅拌。

4 盆中的阻力渐小，黄油发白膨胀成奶油状。如打发5分钟后没有形成照片中的状态，或许是黄油温度过低，或许是搅拌器的转速过低。此时可以用温毛巾垫在盆下长时间搅拌来调整打发状态。

5 室温下的蛋液分4次倒入盆中，每次都高速打发2～2.5分钟。搅拌器的搅拌方向与步骤4相同，大幅度画圈促进黄油乳化。这个阶段会生成细小的气泡，它就是最终做出细海绵状蛋糕的基础。

6 蛋液每加1/4，都要充分搅拌使其包裹足够的空气。左图就是第一次加蛋液后搅拌完毕的状态。搅拌成这种效果就可以继续加蛋液了。要根据室温的变化调节蛋液的温度。夏天在17～19℃，冬天在23～26℃。

7 搅拌器调至高速打发2分钟，黄油体积膨胀，质地蓬松柔软。

8 打发完毕盆底露出，黄油体积增加1倍，湿滑有光泽。黄油基本黏在一起蓬松成奶油状。状态接近液态的话，就隔冰水降温，撤去冰水接着打发一阵可成奶油状。

9 加入面粉前查看一下刮刀的操作方法。这里使用的是搅拌方法C（13页）"黄油蛋糕搅拌法"。在时钟2点钟位置入刀。刮刀刮至8点钟位置时，尽量载满大量的黄油糊时提起，快速翻转甩掉黄油糊。图为甩掉黄油糊后舀起的状态。

10 一次加入筛好的粉类，用刮刀面大幅度拌和。先从搅拌盆右上方2点钟位置入刀，左手握住盆的9点钟位置。

11 刀刃垂直贴盆底穿过盆中心，沿直线刮至8点钟位置，刮刀尽量盛满面糊，刮到盆边后抬起刮刀。刮盆壁时左手逆时针将盆转至7点钟位置。

12 刮刀不要立即翻转，舀起面糊移至盆中心，此时翻转手腕甩掉面糊。返回步骤10。每拌一次要将面糊轻迅速甩回盆中心，然后用刀背压一下搅拌。

13 这样搅拌约35次后面粉逐渐消失，但还是要以同样的方法继续搅拌45下左右（共计80次）。速度保持在10秒6～8下。搅拌时刮刀要紧贴盆壁盛满面糊。

14 继续搅拌会出现美丽花瓣的形状。如搅拌方法不当，面粉会出筋，味道和口感也会下降。

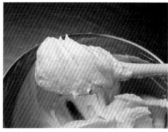

15 一共搅拌80～85下时搅拌完毕，面糊整体出现光泽。搅拌不足的话，有时烘焙时蛋糕坯会塌陷。

装入模具

16 分别装入2个模具中。黏在刮刀上的面块会使口感变差，这些硬面块不要装入模具中。

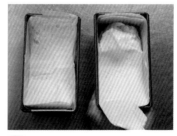

17 用刮刀规整装好的蛋糕坯，中间部分塌陷，4个角抬高。装好后轻轻磕一下模具，让里面的蛋糕坯紧实些，挤出多余的空气。

烘焙

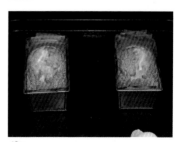

18 放入180℃的烤箱中烘焙33分钟左右。烤至第26分钟时，旋转模具交换前后位置。表面膨胀，裂开处上色，蛋糕就烤好了。

润色

19 烘焙蛋糕的同时制作糖水。将材料放入小锅中加热，刮刀抵住锅底，按压香草荚壳熬煮。沸腾后关小火，熬煮至36毫升关火。

20 蛋糕烤好后脱模，冷却前用毛刷蘸水饴刷满蛋糕表面。特别是4个角深色部分要多刷水饴。防止干燥，不要取掉烘焙纸。

磅蛋糕的新风味

香辛料磅蛋糕

具有异国情调的香辛料口味。
享受齿颊留香的美味点心。

蛋糕坯
（8厘米×14厘米×高6厘米的磅蛋糕2个）

无盐黄油（发酵）　130克
细砂糖　130克
全蛋　110克
　低筋面粉　122克
　泡打粉　1克
什锦香辛料（123页）　6克
糖水
　水　24克
　细砂糖　8克
　什锦香辛料　1/4小勺

要点

· 从制作到烘焙，基本顺序与经典磅蛋糕坯的制作相同。搅拌次数在95～100下。搅拌次数稍多可以做出更细腻的蛋糕坯。

· 糖水的制作是将水和细砂糖倒在小锅里加热，沸腾后关火。待稍稍冷却后放入什锦香辛料。

1 蛋糕坯的制作与经典磅蛋糕（39页）步骤1～15相同。搅拌共计95～100下后，蛋糕坯中撒上什锦香辛料。大幅度粗略搅拌5～7次至大理石纹状。

2 放入180℃烤箱中烘焙33分钟。烤好后刷水饴的方法与经典磅蛋糕相同：只在上面刷上一层香辛料风味的糖水，不要揭去烘焙纸。

41

甜橙磅蛋糕

蛋糕坯中加糖渍橙皮增添风味。
蕴含洋酒的水饴更增香气，延
长保存时间。

蛋糕坯

（ 8厘米×14厘米×高6厘米的磅蛋糕2个 ）

无盐黄油（ 发酵 ） 130克
细砂糖 130克
全蛋 110克
| 低筋面粉 130克
| 泡打粉 1克
橙子皮 2/3个
糖渍橙皮（ 1/4大小 ） 80克
糖水
　水 45克
　细砂糖 15克
　柑曼怡酒 40克

要点

· 从制作到烘焙，基本顺序与经典磅
蛋糕坯的制作相同。搅拌次数在
100～120下。加入材料可以使"圆
柱形"蛋糕坯更加绵实，所以要多
加搅拌。

· 糖水用小锅熬煮水和细砂糖，沸腾
后关火，晾凉后加柑曼怡酒即成。

· 烤好后当天至3周内可以保持口感美
味。

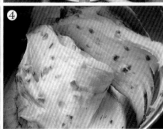

1 磨碎橙皮，糖渍橙皮水洗抹干后切成
5～6毫米的小块。

2 蛋糕坯与经典蛋糕坯（ 39页 ）步骤
1～9相同。加入面粉前混入橙皮用刮
刀拌匀。整体都搅拌到就可以了。

3 加入面粉后，按照经典蛋糕坯步骤
10～15要领搅拌100～120下。图片就
是搅拌完毕的状态。

4 搅拌完加入糖渍橙皮。搅5～10次。
整体都搅拌到就可以了。

5 放入180℃的烤箱中烤制35分钟。烤
好后揭去烘焙纸，全部刷上糖水。按
照上面→放倒后长侧面→底侧→短侧
面的顺序刷。

抹茶磅蛋糕

浓郁的抹茶香气和清丽的色彩，
是这款蛋糕的魅力所在。
表面上刷一层抹茶味的水饴，
其香味更上一层楼。

蛋糕坯

（8厘米×14厘米×高6厘米的磅蛋糕2个）

无盐黄油（发酵） 130克
细砂糖 130克
全蛋 110克
┌ 抹茶粉 7克
│ 低筋面粉 120克
└ 泡打粉 1克
糖水
　水 24克
　细砂糖 8克
　抹茶粉 1/4小勺

要点

· 抹茶如果不用点心专用的材料，而
使用平时饮用的淡口茶的话，其口
感和香味会千差万别。

· 从制作到烘焙，基本顺序与经典磅
蛋糕坯的制作相同。搅拌次数在
95～100下。搅拌次数较多可以做成
更细腻的蛋糕坯。

· 糖水材料用小锅熬煮，沸腾后即
成。

1 将分别筛好的抹茶、低筋面粉、泡打
粉再筛一次，或把粉类装入塑料袋中
晃匀。根据制造商和种类的不同，抹
茶味道也会不同，要根据喜好调整用
量。

2 蛋糕坯与经典蛋糕坯（39页）步骤
1～9相同，粉类要边筛边加。

3 加入粉类后，按照经典蛋糕坯步骤
10～15要领搅拌95～100下。图片就是
搅拌完毕的状态。

4 放入180℃的烤箱中烤制33分钟。与经
典蛋糕方法相同，不揭去烘焙纸，在
蛋糕表面刷一层抹茶味的糖水。

戚风蛋糕 *Chiffon cake*

在多款蛋糕中，顾客尤为称赞好吃的就是戚风蛋糕。它口感松软，不仅轻盈，而且有一种以往不曾吃过的鸡蛋醇香和口感。

这款戚风蛋糕与一般食谱相比蛋清比例较少，且加入蛋白霜的砂糖也是一般的1/3以下。

轻盈的蛋白霜是做成美味蛋糕优良口感的秘诀。

为防止蛋清分离，事先稍微冷冻一下蛋清，搅打蛋白至渐渐轻盈、体积增大。

砂糖较少的蛋白霜容易消泡，搅打时要有技巧。

制作蛋糕坯需要一气呵成，且要随时注意蛋糕坯的温度和搅拌方法。

自由发挥时，切记要选择味道鲜明且能影响蛋糕整体的材料，此外，蛋白霜配料也可以基于原配方稍作调整，找出自己喜欢的味道。

香蕉　　　　　蒿蒿+芝麻　　　　　姜汁+巧克力

经典戚风蛋糕
香草戚风蛋糕

材料（直径17厘米的戚风蛋糕模具1个）

蛋黄　45克
香草荚　1/8根
细砂糖　48克
色拉油（无味菜子油）　28克
温水（50～80℃）　48克
┌ 低筋面粉　65克
└ 泡打粉　2克
┌ 蛋清　90克
│ 柠檬汁　1/4小勺多点儿
└ 细砂糖　28克

●操作流程

拌和鸡蛋和砂糖
↓
搅拌油、温水和面粉
↓
蛋清加入砂糖打发
↓
蛋液加入蛋白霜搅拌
搅拌方法D
↓
烘焙

前期准备

· 分开蛋清和蛋黄，蛋清放入冰箱冷冻，一部分冻住即可。

· 事先从香草荚中取出香草子备用。

· 低筋面粉和泡打粉拌和后过筛。

· 预热烤箱〔目标温度180℃+（20～40）℃〕。

要点

· 色拉油要使用没有特别味道的菜子油。

· 与一般戚风蛋糕坯相比，蛋黄比例较大，鸡蛋的味道和颜色会加重蛋糕的风味。

· 体积大的湿性发泡是蛋白霜最重要的地方。打发蛋白要求一气呵成，蛋黄糊和蛋白霜要尽量快速搅拌。掌握刮刀的使用方法很重要。

· 蛋白霜糖太少会不稳定，因此要稍微冷冻一下蛋清，在3℃状态下开始打发。只是蛋清冷冻时间过长味道就失去特色了，所以不要使用完全冻住的蛋清。为了使泡沫定住，加入少量的柠檬汁。

· 烤好后查看切开的蛋糕质地，会发现蛋糕里充满大小不均的气泡。这就是口感松软轻盈、入口即化的根源。

┃最佳食用时间┃

· 烤好当天最松软，口感最佳。

· 放置到第三天也可以美味依旧。用保鲜膜将模具整个包起来，放在塑料袋冷藏2～3天可以保证风味不减。

制作戚风蛋糕坯

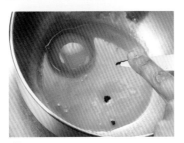

1 盆里加入蛋黄打散，加入香草子搅拌。

2 加入砂糖，用搅拌器轻轻划着搅拌。不要搅拌到发白程度，否则会失去鸡蛋的香醇。

3 色拉油中加温水（超过50℃）粗略搅拌后，倒入步骤2的材料。

4 搅拌至砂糖溶化后完成。

5 一次加入筛好的低筋面粉和泡打粉，竖着握住搅拌器，迅速地大幅度搅拌。

6 搅拌至粉末消失。搅拌过度蛋黄味道会变淡，也会黏稠，要粗略地搅拌。

制作蛋白霜

7 往稍稍冻住的蛋清里加入柠檬汁和一小勺的砂糖。加柠檬汁是酸化蛋清的酸碱度，同时也是为了稳定泡沫。市场上销售的瓶装柠檬果汁也可。蛋清冷冻过头就稍缓一下，弄碎后再用。

8 电动搅拌器调至高速，搅拌头大幅度转动打发3分半～5分钟。电动搅拌器的搅拌头铁丝要打到盆壁上，发出"嘎达、嘎达"的声音。转速为1秒2周。搅拌器一旦停下就会蛋白分离，所以搅拌开始后要一气呵成。

9 蛋白打发到硬挺状态，快分离前的状态时，倒入剩下砂糖的一半，再打发45～60秒。搅拌器搅拌时要时时打到盆壁上。只有中心部发泡，周围的蛋清没发泡容易造成泡液分离。

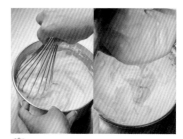

10 倒入剩下的砂糖，继续打发45～60秒。最后的30秒时，左手逆时针旋转搅拌盆，搅拌器前后移动打发至全体蓬松的状态。前后搅拌是为了增强蛋白霜的硬度。

11 打发完毕。蛋白霜出现光泽。打发至蛋白快与搅拌盆分离。打发过度泡沫会变得干干巴巴。到本步骤为止都要在冷却状态下进行。夏天时第9步隔冰水打发。

12 第6步材料中加入第11步蛋白霜的1/4，用搅拌器搅拌。待拌匀后倒回第11步的盆里。

13 用刮刀从搅拌盆中心入刀，斜下方向刮到盆底边。顺势将刮刀提起5厘米左右再甩回盆里。连续操作快速搅拌。采用搅拌方法D的（14页）"戚风蛋糕搅拌法"。搅拌速度为1秒3下。

14 用刮刀前部竖着画椭圆搅拌，每搅拌一圈，左手逆时针将盆转60°。搅拌35～45次直至蛋白霜看不到白色为止。停止搅拌。搅拌过程中搅搅停停的话，蛋白霜容易凝结。

15 松软又有光泽的蛋糕坯制作完成。蛋糕糊做到刮刀翻过来也不会立即掉下来的程度。用刮片将蛋糕糊盛入戚风蛋糕模具里。从盆中向盆边盛满蛋糕坯。

装入模具

烘焙

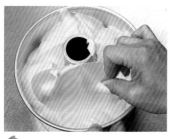

16 装入模具时，刮片横边在下，竖着让蛋糕坯滑到模具里。蛋糕糊一次一次重叠地装入模具里，同时旋转搅拌盆。

17 蛋糕糊装入模具至7～8分高时，快速转动模具把蛋糕糊表面抹平。

18 放入180℃的烤箱中烤25分钟。蛋糕坯虽然会暂时膨胀，但膨胀到最高时等3～5分钟会回落。裂口处烤上色即成。

20 用抹刀紧贴内壁插入模具4～5次，然后贴着蛋糕划一圈。抹刀划蛋糕时感到中途卡住了，就抽出抹刀重新划。如果卡住仍然强行划下去的话，会伤到蛋糕。先将模具外圈卸掉，然后抹刀插进底板和蛋糕间，模具旋转一周。中心部也用抹刀垂直插5次左右后脱模。

19 烤好后将蛋糕从烤箱轻轻取出。立即将模具翻转过来，等蛋糕完全冷却。蛋糕冷却后，为了将蓬松的蛋糕脱模，用手轻轻按压蛋糕到模具里。

戚风蛋糕的新风味

🔵 香蕉

粗略压扁的香蕉所具有的弹性和甘香与蛋糕的口感相得益彰。

蛋糕坯

（直径17厘米的戚风蛋糕模具1个）

蛋黄　45克
细砂糖　38克
色拉油　28克
温水　40克

[低筋面粉　65克
  泡打粉　2克

[蛋清　90克
  柠檬汁　1/4小勺多一点儿
  细砂糖　28克

[香蕉　94克
  柠檬汁　6克

要点

· 因香蕉含水分，所以温水的量比经典蛋糕少。

· 水果用电动搅拌器打成泥用的话，烤好的蛋糕里会出现大的气孔，所以不可以。

· 倒进香蕉里的柠檬汁要鲜柠檬汁。

1 不要食用熟透的香蕉。挤压的时候不要压出水，横竖交替着压。

2 柠檬汁是用来淡化颜色和锁住味道的。

3 制作蛋糕糊与经典戚风蛋糕（47页）步骤1～6相同，拌和面粉后加入步骤1的香蕉。用刮刀搅拌后，其步骤与经典戚风蛋糕步骤7至最后都相同。

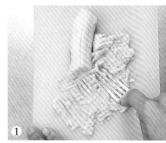

①

茼蒿+芝麻

仿照艾叶小糖包的感觉，茼蒿和芝麻的焦香很特别。也可做零食。

材料（直径17厘米的戚风蛋糕模具1个）

蛋黄 45克

细砂糖 28克

色拉油 28克

牛奶（约50℃） 48克

[低筋面粉 65克
  泡打粉 2克

[蛋清 90克
  柠檬汁 1/4小勺多一点儿
  细砂糖 28克

盐 一小撮

芝麻（炒香） 20克

茼蒿（水煮后切碎） 70克

要点

· 为了除去茼蒿腥味中和味道，使用了牛奶。

· 减少砂糖，加入咸盐用以提升蛋糕坯的弹性，带出茼蒿味。

· 芝麻洗过后煎炒可以享受芝麻的焦香和颗粒感。

1 芝麻炒至变色后冷却，用杵捣成半碎状。茼蒿用水焯一下粗略切碎。

2 制作蛋糕糊与经典戚风蛋糕（47页）步骤1~6相同，拌和面粉后加入茼蒿和芝麻。

3 用刮刀大幅度搅拌后，其步骤与经典戚风蛋糕步骤7至最后都相同。

姜汁+巧克力

糖渍橙皮和巧克力碎是交响曲
中的华彩乐章。

材料（直径17厘米的戚风蛋糕模具1个）

蛋黄　45克

细砂糖　38克

色拉油　28克

┌　温水　30克

└　生姜汁　18克

┌　低筋面粉　65克

└　泡打粉　2克

┌　蛋清　90克

│　柠檬汁　1/4小勺多一点儿

└　细砂糖　28克

糖渍橙皮（约5毫米的块）　25克

考维曲巧克力

（切成5~7毫米的小块）　45克

要点

·姜汁和温水搅拌后调整成48克。

·使用甜味考维曲巧克力。加入温热
的蛋黄糊后巧克力会熔化，要最后
加入。

·蛋白霜搅拌后再加入各种材料的
话，会破坏蛋糕糊。因此，在蛋糕
糊搅拌至8成程度时再加入各种材
料。注意不要搅拌过度。

1 在温水中加入生姜汁。制作蛋
糕糊与经典戚风蛋糕（47页）
步骤1~6相同，拌和面粉后加
入糖渍橙皮搅拌。

2 按照经典戚风蛋糕步骤7~13
操作。蛋白霜打发至8成时加
入切碎了的巧克力碎。

3 自下向上粗略翻搅后装入模具
中。之后按照经典戚风蛋糕步
骤14至最后来操作。

水果蛋挞 *Tarte aux fruits*

时令水果搭配淡奶油鸡蛋制成的蛋挞液（Flan），是一款口感新鲜的水果蛋挞。

如果和蛋挞液一样要烘焙液态蛋挞馅的话，应该事先烤制出蛋挞外层的酥皮——即"烤空壳"。之后加入水果可缩短酥皮的烤制时间。这样做出的蛋挞既嫩滑又可以品尝到水果的风味。

酥皮面糊往模具里铺的时候，中途不要再添加面糊，否则烤好后挞皮会有裂纹。要将一整块的酥皮面糊一次铺好。这时就像 "将××克的酥皮面糊擀成××厘米见方"之类的表述，可以使您在制作过程中可以预测酥皮面糊能擀出多大面皮，也可以快速烤成，而且每次都薄厚均等。制作时可根据不同水果的糖度、酸味、水分、软硬适当调节蛋挞液配料中的淡奶油、鸡蛋、砂糖等的用量来突显各个水果的特点。让我们来尽情地品味时令水果的曼妙吧！

大黄

蓝莓

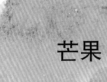
芒果

经典蛋挞
美国车厘子蛋挞

材料（直径16厘米的蛋糕模具1个）

蛋挞酥皮（约2个）
- 蛋黄　6克
- 水　27克
- 细砂糖　3克
- 食盐　1.5克
- 无盐黄油（发酵）　105克
- 低筋面粉　158克

蛋挞液
- 全蛋　45克
- 细砂糖　28克
- 淡奶油　73克
- 美国车厘子　160~170克

前期准备

- 挞皮在烘焙前一晚做好，面坯放置冰箱中最少醒面一晚后备用。
- 黄油至室温（20℃）左右。
- 美国车厘子洗净抹干后去子（57页）备用。

- 蛋挞模具选用活底的类型便于操作。
- 将烘焙纸剪成直径17厘米的原型，边缘每隔2厘米剪出2厘米的小口。

- 预热烤箱。挞皮的烘烤温度为（200~210）℃+（20~40）℃，倒入蛋挞液后的温度为180℃+（20~40）℃。

制作挞皮

1 小号搅拌盆中加入蛋黄和水搅打，再加入糖、食盐搅匀。蛋黄里直接加入糖和盐会凝成颗粒状，要先在蛋黄中加水。搅拌至砂糖全部溶化后放入冰箱冷藏。

2 取另外一个搅拌盆加入室温下的黄油，用刮刀碾压搅拌。待整体软硬相同时停止。不要搅拌得过于稀软。

🍴 最佳食用时间 🍴

- 烤好后当天为最佳食用时间。隔天后挞皮水分会流失，亦影响口感。

要点

- 这款蛋挞烘烤两次：先烘烤挞皮，然后再加入水果等的蛋挞馅。烘焙水果时不加热过度就可以享受它的鲜美口感。
- 酥皮面糊在模具中捏实后直接放入冰箱中冷冻，可保存2周。
- 挞皮如果有空洞或是有裂纹的话，蛋挞液会漏出来最终导致蛋挞无法脱模。而挞皮太湿也会影响口感。挞皮烤好如发现裂纹则按照本书57页的要领进行修补。
- 这款挞皮口感松脆，并不太甜，而且和派类烤好后会起层，所以也可以用做他用，例如蛋烤派或蔬菜蛋挞(117页)。

3 在步骤2的材料中加入筛好的低筋面粉，刮刀刀刃部（呈圆弧的部分）竖着伸进盆中搅拌，注意不要碾压。从右斜上方处向左，由上至下粗拌7~8下。搅拌盆转动90°，以同样的方式粗拌约10下。注意搅拌时不要用刮刀的刀面。

4 待低筋面粉和黄油融合在一起时，按刚才所述的方式搅拌7~8次，这是不要转动搅拌盆。然后用刮刀由底部翻搅面粉，直至盆中的低筋面粉毫无踪影。

5 拌至低筋面粉白色消失呈芝士粉状停止。搅拌过程中不要用力摩擦黄油和低筋面粉。

6 倒入步骤1中冷藏的蛋液后，使用与步骤3同样的方法进行搅拌。

7 待面粉充分吸收水分，整体平滑后，按住盆里的面5~6下后把材料和在一起。

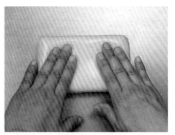

8 用保鲜膜包住和好的面团，将其压成2~2.5厘米厚的长方形后放入冰箱中冷藏一晚醒面。挞皮使用前一天晚上做好的面团最为理想，最短也要冷藏5~6小时以上。

成形

9 取出冷藏好的面团切成两块，每块150克（一个挞皮的量）。操作台上撒上薄薄一层粉（高筋面粉，不在材料列表中），面团的4个角分别在操作台上轻轻敲打，打散打软。面团重量设定为150克，实际用在挞皮中只需120克左右，剩下的可以冷冻保存。

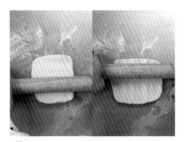

10 擀面杖放在面团中心用力向上压。按照中心→外侧、中心→内侧的顺序每次拉长2厘米宽，注意压面时力道要均匀。面团翻转90°，操作台上撒一层粉后继续擀压。黄油量很多很容易变软，要在面团温度上升前维持其软硬适当的程度。

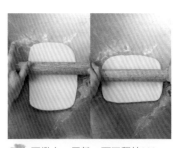

11 再撒上一层粉，面团翻转90°。这时擀面杖要滚动（擀压），按照中心→外侧、中心→内侧的顺序重复2次。此时的力道要均一，外侧和内侧擀压同样长度。面皮无法拉伸时就不要继续擀了，铺上一层面翻转90°继续擀。

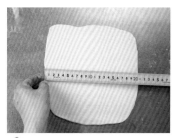

12 面皮擀至20.5～21厘米大小的正方形。按照整体的大小，而不是面皮的厚度来衡量的话，失败较少。熟悉操作以前应该使用尺来量。注意不要擀压过度以免造成面片过薄。

13 擀面完成后面片容易回缩很多。手垫在面皮下轻轻抖一抖让整体稍稍回缩。这样做是事先让擀好的面皮状态稳定，防止之后的回缩。

14 用擀面杖卷起面皮，沾着面粉的一面朝上移至模具中心，后迅速盖在模具上。

15 把面皮贴在模具里。将对面的面皮边缘部分朝自己一侧按倒，用指尖（如右图）折一下，然后提起面皮沿模具边缘轻轻按压。按此方法重复1周。做好后面皮立起来与底部形成夹角。

16 按压面皮，模具底部和边缘夹角处不能留空气。确保面皮与模具贴实后，将其余的面皮外翻按倒，保持与底部夹角相同。

17 用擀面杖在模具上压实，按中间→外侧、中间→内侧的顺序滚动，将多余的面皮材料切掉。留在模具中的面皮在120克左右。

烘焙

18 手指抵在模具侧壁捏平面皮，使之与模具严丝合缝。注意操作时不要把面皮捏得高出模具。这种状态下放入冰箱冷冻5小时以上。

19 在步骤18中的面皮上铺上剪好的烘焙纸，装满足够的重石。之后放进200～210℃的烤箱中烘焙28～30分钟。重石同时也起到传热的作用，所以应该使用导热性好的金属制品。重量在600～650克。红豆之类的豆类太轻，不适宜。

20 开始烘焙25～27分钟后，酥皮边缘部上色后，提起烘焙纸查看底部的颜色。看到底部上了一层浅浅的颜色就把挞皮从烤箱中取出，倒出重石和烘焙纸。如果底部的颜色可以看见白色，就继续烘焙2～3分钟直至上色为止。

21 挞皮完成。放在晾架上晾凉取出。检查挞皮是否出现小孔或者裂纹。

挞皮的修补

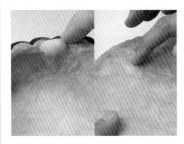

烤好的挞皮如果有缺边、漏孔的情况，要用未烘焙的挞皮面片来修补。取出适量的面片，从挞皮靠模具的那一面贴上。补好后原样装回模具中，就可以进入摆放水果、浇蛋挞液的步骤了。

制作蛋挞液

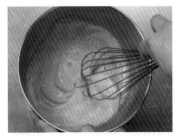

22 搅拌盆中加入鸡蛋，用搅拌器搅打。加砂糖后拌至溶解。切记不要搅打起泡。在开始的工序中如果搅拌不均，口感会受影响。

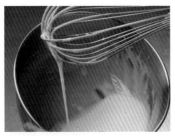

23 加入淡奶油搅拌至稀糊状。注意不要搅打起泡。

24 过筛（细筛网）后即可。

完成

25 美国车厘子去掉果柄，洗净抹干后去核。可使用去核工具，一次性卫生筷也可。筷子从果柄处插入将核取出。本书使用的是美国车厘子，使用国产的樱桃也可。

26 将樱桃放入烤好的挞皮(步骤21)中摆好。

27 将挞皮放平，在中心浇入步骤24中的蛋挞液。蛋挞液要浇满模具。

28 挞皮边缘部如果高低不均，可以在低的地方垫上锡纸以保持高度相同。

29 放入180℃的烤箱中烘焙30分钟。两手端起查看，如轻轻晃动模具中心也不晃动的话即为成功。手指碰一下，感觉有弹性即可。

30 将模具整体放到晾架上晾凉后取出。

水果蛋挞的新风味

芒果蛋挞
新鲜芒果演绎热带风情

材料（直径16厘米的蛋挞模具1个）

酥皮（54页） 约150克

蛋挞液
　全蛋 45克
　细砂糖 28克
　淡奶油 73克
芒果（生） 140克（果肉）
糖粉 适量

1 芒果去皮、去核后切成2厘米的块。然后放入挞皮里摆好，不留空隙。

2 浇入蛋挞液，放入180℃的烤箱中烘焙30分钟。晾凉后筛上糖粉。

大黄蛋挞

感受新鲜大黄特有的口味和酸味。大黄
要先加热蒸发水分后才可以使用。

材料（直径16厘米的蛋挞模具1个）

酥皮（54页） 约150克
蛋挞液
　全蛋 50克
　细砂糖 42克
　淡奶油 61克
大黄 130~150克
细砂糖 13~15克
杏肉果酱 适量
　做法参照124页或市面购买

1 切除大黄不鲜嫩的部分后切
　段成4厘米长。

2 大黄上撒上砂糖放置一晚。

3 抹干第2步大黄的水分后，
　垫上烘焙纸放入200℃的烤
　箱中烤7~8分钟。至竹签可
　以简单扎穿的程度就可以了。
　这步可以与酥皮同时烤。

4 挞皮里摆满第3步中的大黄。
　浇入蛋挞液后放入180℃的
　烤箱中烘焙30分钟。

5 熬煮杏肉果酱后加少量的水
　（材料列表中没有）涂在表
　面，可增加其光泽和糖度。

蓝莓蛋挞

淡奶油增量，可以软嫩到一切开蛋挞馅
就快要淌出来的程度。
口感不会太甜且多汁。

材料（直径16厘米的蛋挞模具1个）

酥皮（54页） 约150克
蛋挞液
　全蛋 45克
　细砂糖 28克
　淡奶油 80克
蓝莓（生） 约100克

1 蓝莓洗净抹干后摆满挞皮中。

2 浇入蛋挞液，放入180℃的烤
　箱中烘焙30分钟左右即成。

芝士蛋糕 *Cheese cake*

本章介绍两种得意之作：用奶油奶酪烘焙的芝士蛋糕。

一个是纽约风味的烘烤型芝士蛋糕。它的绵软和醇厚的口感会立刻传递芝士的风味，饱满的味道是它的特点。

另一个是轻盈绵软的舒芙蕾。它入口即化的柔软口感、高深的芝士香气以及回味无穷的味道都是值得欣赏的。

这款舒芙蕾是在卡仕达的基础上加入蛋白霜搅拌而成的，因此，口感绵软香甜。

这两款芝士蛋糕最重要的工序都是"烘焙"。

烘焙过度蛋糕变硬，而且还会失去细滑和绵软，因此要格外注意。

烘焙时蛋糕坯整体受热后立即关闭烤箱，利用烤箱的余热将其烘焙而成。

另外，烘烤型的芝士蛋糕会因加热使奶油奶酪增加其酸味，

没有另加柠檬汁调和。

烘烤型
芝士蛋糕

舒芙蕾
芝士蛋糕

烘烤型芝士蛋糕

材料
（直径18厘米的圆形蛋糕模1个。不使用活底模具）

海绵蛋糕底（直径18厘米×厚1厘米）1个
　　制作方法参照90页
奶油奶酪　330克
细砂糖　102克
香草荚　1/6根
无盐黄油（发酵）　37克
酸奶油　147克
全蛋　92克
蛋黄　31克
玉米淀粉　11克

前期准备
· 模具中垫上烘焙纸。垫在侧面的纸要事先在下面剪开小口，然后折到底部。事先将烘焙纸剪成圆形垫在底部。
· 烘焙纸垫好后放入1厘米厚的海绵蛋糕底（如下图）。
· 筛入玉米淀粉。
· 取出香草荚的子。
· 奶油奶酪调至16℃，黄油、酸奶油调至室温。
· 烤箱预热〔目标温度180℃+（20~40）℃〕。

操作流程

搅拌奶油奶酪和砂糖
↓
用搅拌器搅拌
↓
放入黄油、酸奶油、鸡蛋搅拌
↓
隔水烘焙

最佳食用时间
· 烤好后放置2天左右，味道融合后最为美妙。
· 从冰箱中取出后温度升至16~18℃最佳。
· 烤好后5天内吃完。冷冻可保存2周时间。

要点
· 一定要保持奶油奶酪（16℃左右）和黄油（20℃左右）的温度。温度过高变软，弹力会下降，导致无法吸入空气。
· 材料按顺序搅拌。是简便又容易的食谱。
· 这款蛋糕是隔水烘焙，所以蛋糕模一定不要使用活底的。
· 奶油奶酪使用"kiri奶油奶酪"，酸奶油使用的是中泽乳业的商品。

制作蛋糕底

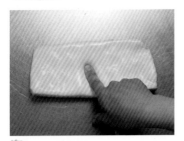

1 奶油奶酪薄厚均一，用保鲜膜包住，温度调整至16℃左右。

2 把第1步的奶油奶酪放入搅拌盆，用刮刀按压搅拌均匀。

3 加入砂糖、香草子搅拌。用刮刀用力碾压搅拌。砂糖的水分会逐渐软化芝士。

4 搅拌平滑后翻搅奶油奶酪整体，检查是否还有小颗粒。如仍有小颗粒则用刮刀仔细碾碎。这款蛋糕没有过筛的步骤，所以搅拌过程中千万不能因搅拌不均而残留小颗粒。

5 竖着握住搅拌器，手的位置在手柄和搅拌头的交合处。用力画圈搅拌1分钟。这样可以包裹住空气，才能使蛋糕有绵软的口感。奶油奶酪本身很硬，要用力大幅度搅拌。

6 黄油装入另外一个搅拌盆，在20~22℃下用刮刀按压搅拌变软后，倒入第5步的材料中搅拌。

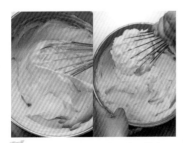

7 整体均匀后加入酸奶油，按相同方法搅拌30~60秒。加入酸奶油会使材料更加紧实，也要更加用力地搅拌。

8 将全蛋和蛋黄打散后分3次倒入材料中。每加1次要搅拌30秒左右，让材料裹入空气，然后再加蛋液。

9 搅拌过程中，用刮刀的刀背处刮扫搅拌盆边黏上的面糊。**刮盆方法**（10页）。发现有小颗粒出现就用刮刀抵住盆壁碾碎。小颗粒会影响口感，碾时要认真。

10 面糊搅拌均匀成液体状，要求搅拌器提起面糊会一滴一滴地淌，但搅拌器上仍会残留面糊。但由于面糊温度上升会呈现更稀的水状，就会使烤好的蛋糕底密度增大，沉重许多，要多加注意。

11 一次性加入玉米淀粉，用搅拌器迅速搅拌。玉米淀粉会起到粘连各材料的作用。

12 搅拌完成后用刮刀的刀背顺盆壁仔细刮扫黏结的材料。

装入模具中

13 将第12步的材料倒入事先准备好的模具中。

14 用刮刀插入材料中1.5厘米左右深后，前后轻晃。这样可以使材料表面自然变得平滑。

15 若生成大个儿的气泡，用竹签插破。

烘焙

16 将第15步的蛋糕坯放入烤盘中央，烤盘中浇入热水至1.5厘米深。隔水烘焙是从底部中和热度。如果不隔水的话，热度会迅速进入蛋糕内部，使其过度膨胀造成蛋糕内的气孔膨大，而且在关火后蛋糕会形成塌陷，影响口感。

17 放入180℃的烤箱中隔水烘焙30～35分钟。烘焙至20分钟时模具旋转180°。烤箱内的预热可使蛋糕颜色变浓，因此，在蛋糕整体开始变浅色时关火，放置在烤箱中40～60分钟直至冷却。蛋糕中心有时会形成塌陷，注意不要立即从烤箱中取出。

18 冷却后用保鲜膜包裹盖住模具放入冰箱中冷藏，食用之前再从模具中取出蛋糕。脱模时蛋糕带着烘焙纸一同取出。难以取出时，轻轻晃动模具使蛋糕松动，五指张开扶住蛋糕翻转模具取出蛋糕。

舒芙蕾芝士蛋糕

材料

（直径18厘米的圆形蛋糕模1个。不使用活底模具）

奶油奶酪 300克

无盐黄油（发酵） 45克

蛋黄 58克

细砂糖 20克

玉米淀粉 11克

牛奶 150克

　蛋白 95克

　细砂糖 55克

前期准备

· 将鸡蛋的蛋黄和蛋清分开后计量，蛋清放入冰箱中冷冻至刚结冰的状态（如右图）。

· 模具中垫入烘焙纸。垫在侧面的纸要事先在下面剪开小口，然后折到底部。事先将烘焙纸剪成圆形垫在底部。

· 黄油隔温水融化。

· 烤箱预热〔目标温度170℃+（20~40）℃〕。

最佳食用时间

· 烤好后第二天为最佳。

· 放置时间过长会造成口感下降，要尽快吃完。最好3天以内吃完。

要点

· 奶油奶酪混合卡仕达和蛋白霜搅拌，可做成蓬松柔软的舒芙蕾蛋糕底。

· 这款蛋糕要求口感蓬松柔软且入口即化，所以蛋白霜不能高速打发，必须细腻又柔软。

· 切记不要烘焙过度。烤好后放置在烤箱中自然冷却，待蛋糕整体稳定后取出。

· 这款蛋糕是隔水烘焙，所以蛋糕模一定不要使用活底的。

· 奶油奶酪使用"kiri奶油奶酪"。

操作流程

搅拌奶油奶酪和黄油

↓

隔温水搅拌蛋黄、砂糖、牛奶制作卡仕达

↓

混合奶油奶酪和卡仕达

↓

蛋清中加入砂糖打发

↓

搅拌奶油奶酪和蛋白霜
搅拌方法D

↓

隔热水烘焙

制作蛋糕坯

1 奶油奶酪薄厚均一，用保鲜膜包住，放入微波炉中加热至体温温度（36℃左右）。准备比以往略大、略深的搅拌盆，加入奶油奶酪和熔化的黄油搅拌均匀。

2 搅拌结束，黄油和奶油奶酪略有分离即可。

3 蛋黄放入另外一个搅拌盆中，加砂糖搅拌，再加入玉米淀粉用搅拌器搅拌。

4 用小锅将牛奶煮沸后一次倒入第3步的材料中拌匀。

5 锅中烧水，第4步的材料隔热水轻轻搅拌，材料加温。如果热水一定要沸腾，水温度低材料就不会升温。这款蛋糕糊中加了粉末，不会造成蛋、奶分离。

6 待材料整体略微黏稠，搅拌时看见盆底时，放置10秒从热水中取下。趁盆中还有余热时快速搅拌。材料整体黏稠即可。隔热水时间过长材料会凝固，切记不要过热。

7 第6步冷却前倒入第2步的搅拌盆中，用搅拌器仔细搅匀。

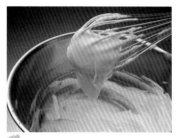

8 待材料出现光泽、变得有弹性时停止搅拌。之后的蛋白霜的软硬程度最好和这里的材料相同。

制作蛋白霜

9 用刮刀刮第8步的盆壁，**用刮盆方法**（10页）刮扫。为使面糊保持湿润，搅拌盆要盖上毛巾。

10 制作蛋白霜。蛋清开始结冰状态下开始打发。蛋清的温度很低，这样可以抑制泡沫的生成，就可以做出又细又滑且不容易消泡的蛋白霜了。

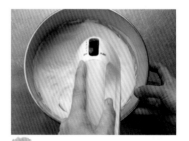

11 加入约1茶匙的砂糖，搅拌器开中速打发不到2分钟。搅拌器的铁丝贴着盆壁，以2秒3周以下的速度慢慢画圈。这款蛋白霜要求又细又滑，不要搅拌过快。

制作蛋糕底

12 倒入余下砂糖的1/2，打发约1分钟。搅拌速度不要过快。

13 倒入余下的砂糖打发1分钟。搅拌器还是开中速，但画圈的速度要更慢。提起搅拌器，搅拌头上的蛋白霜呈钩状，又细又滑即为最佳状态。泡沫不要过硬。提起搅拌器，蛋白坚挺即为发泡过度。

14 稍微搅拌一下第9步的面糊，让其更平滑，然后加入第13步的蛋白霜的1/4。

装入模具

15 用刮刀从盆中心入刀，向左下方刮，像画圈一样翻搅。之后使用 搅拌方法D （14页）的"戚风蛋糕搅拌法"。反复搅拌至蛋糕糊整体均匀。

16 搅拌均匀后加入余下的蛋白霜。刮刀从盆中央入刀，与第15步相同向左下方盆的底边处刮，刀刃抵住搅拌盆画圈搅拌。每搅拌一次要将搅拌盆逆时针旋转60°，直至蛋白霜消失为止。

17 拌匀后，将蛋糕糊倒入模具中。过度搅拌会破坏蛋白霜，切记不要过度搅拌。

完成

18 双手扶住模具快速旋转，蛋糕糊表面就高低均等了。然后用刮板将表面抹平。

19 放入烤盘中，浇入1～1.5厘米高的热水。170℃的烤箱中烘焙15分钟，然后调低至160℃继续烘焙15分钟，待蛋糕坯表面开始上色关火，放置40～60分钟。烤箱中的余热会使蛋糕继续上色，不要烘焙时间太长。有的烤箱不会上色，要注意不要烘焙时间过长。

20 从烤箱中取出烤好的蛋糕，待其完全冷却后用保鲜膜盖住。连带模具一起放入冰箱中冷藏。脱模方法与"烘烤型芝士蛋糕"相同。

巧克力蛋糕
Chocolate cake

仿佛是松露巧克力在嘴里化开。

这就是翻糖型的蒸烤法式巧克力蛋糕带给我们的绝妙感觉。这款蛋糕我以在巴黎学到的技巧为基础，加入了大家喜欢的味道创作而成。

其最大的特点是蛋糕外层经过烘烤并未变酥，而内层则是满口松软。

其中的要点是"火候最小的烘焙方法"，就是通过"不烤"蛋糕糊做成的细腻口感。

本章介绍"全蛋打发""分蛋打发""搅拌"三种类型的食谱，每种都是"拿出勇气快速从烤箱中取出"最为重要。

此外，巧克力点心的香味和齿颊留香也很重要。材料中巧克力的选择不要按照试吃的口感来判断，一定要在烤好之后品尝，从而选择自己喜好材质和味道的巧克力。

巧克力黑加仑蛋糕

法式蒸烤
巧克力蛋糕

温水巧克力
蛋糕

全蛋打发食谱
巧克力黑加仑蛋糕

材料

（直径15厘米的圆形模具1个）

巧克力（含60%～65%可可浆※1） 100克
巧克力（含50%～55%可可浆※2） 30克
无盐黄油（发酵） 75克
全蛋 145克
细砂糖 85克
可可粉 28克
黑加仑（冷冻，完整形状） 85克

操作流程

搅拌蛋黄和砂糖

↓

融化的巧克力和黄油里
拌入可可粉

↓

蛋黄面糊混合巧克力搅拌
搅拌方法A

↓

烘焙

前期准备

· 将板状的巧克力粗略切碎。硬币形状无须加工。

· 黑加仑中分出25克用于装饰。

· 模具中垫入烘焙纸。垫在侧面的纸要事先在下面剪开小口，然后折到底部。事先将烘焙纸剪成圆形垫在底部。

· 烤箱预热〔目标温度180℃+（20～40）℃〕

最佳食用时间

· 冷藏至16℃左右为最佳。

· 加入少量糖、略发泡的淡奶油也很美味。

· 烤好后至2天内都十分美味。

要点

· 本食谱不使用面粉，追求入口即化的口感。

· 香醇的巧克力中混合黑加仑的酸味使蛋糕味道更加鲜明。黑加仑的水分也会使蛋糕更加细滑。

· 巧克力中可可的量是大致分量。使用的巧克力均为考维曲，※1选用PECQ公司的"Super 瓜瓦基尔（可可64%）"，※2选用可可百利公司的"Excellence（55%）"。因各制造商和商品的可可含量都不尽相同，所以巧克力的硬度和融化快慢都不相同。

· 可可粉使用梵豪登，冷冻黑加仑使用乐果纷公司的产品。

准备巧克力

1 中号搅拌盆中加入2种巧克力和黄油，隔水熔化，水不要达到沸腾程度（以下皆同）。熔化后撤去温水冷却至体温程度（33～36℃）。

制作全蛋打发蛋糕

2 鸡蛋和砂糖放入另外一个搅拌盆中，隔温水轻轻搅打。温度升至35～38℃后撤去温水。

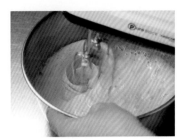

3 打发第2步的材料。电动搅拌器开高速搅拌4～5分钟。手持搅拌器按顺时针画大圈，搅拌时要贴盆壁，同时左手扶盆逆时针适时旋转。

4 第3步的材料搅打发白。此时舀起蛋糕糊甩一下，如果盆内蛋糕糊呈丝带状（如图），搅拌器开低速搅拌3～4分钟，打发均匀。搅拌头在身前保持不动，开低速搅拌15秒。打蛋器的搅拌头将大气泡卷进去生成小气泡。15秒后，左手转动搅拌盆30°，搅拌器同样不动，搅拌15秒。这样重复4～5次。

5 如图所示，蛋糕糊又细又滑，呈细丝带状时停止搅拌。

制作蛋糕底

6 第1步的材料里加入可可粉，用搅拌器轻轻搅拌至蛋糕糊整体细滑。注意不要打发起泡。

7 全面搅拌至出现光泽时停止。

8 第7步的巧克力糊里加入第5步的蛋糕。巧克力糊沉底。

9 用刮刀在盆的右上角、2点钟位置入刀，向左下方移动，翻转刀身搅拌。搅拌方法A（12页）"海绵蛋糕搅拌法"。刀刃不要朝下，以刀背装载蛋糕糊的方式搅拌。大幅度搅拌。

10 这种搅拌方法搅拌60次左右至蛋糕糊出现光泽。刮刀搅拌时，搅拌盆同第4步一样，按逆时针旋转。

11 蛋糕糊逐渐紧实，继续搅拌40~60次。气泡消失、蛋糕糊光亮细致。蛋糕糊体积比第10步略小，变硬。搅拌不足会导致蛋糕糊烘焙时过度膨胀，蛋糕粗糙，请注意。

12 加入冷冻黑加仑拌匀。黑加仑不要解冻，解冻后会出现多余的水分。

13 倒入模具中，用刮刀抹平表面。蛋糕糊冷却凝固。

14 撒上装饰用的黑加仑。

烘焙

15 放入180℃的烤箱烘焙18~22分钟。

16 用竹签插入蛋糕确认烘焙情况。从蛋糕边插入1厘米时没有探到蛋糕里面的巧克力，插入2厘米时竹签前端黏上黏稠的巧克力，这时蛋糕就成功了。轻压蛋糕中央，看起来很糯很软。加热过度会有损蛋糕的口感。蛋糕中央没有烤硬也要"鼓起勇气"从烤箱中取出。

17 连带模具一起放在晾架上晾凉后，用保鲜膜包好放入冰箱中冷藏。蛋糕完全冷却后比较容易脱模。冷却后配上略发泡、不太甜的淡奶油食用。

分蛋打发食谱
法式蒸烤巧克力蛋糕

材料

（直径15厘米的圆形模具1个）

巧克力（含60%～65%可可浆）　44克

巧克力（含50%～55%可可浆）　22克

无盐黄油（发酵）　44克

淡奶油　37克

蛋黄　44克

细砂糖　44克

- 低筋面粉　12克
- 可可粉　37克

- 蛋清　94克
- 细砂糖　44克

🍫 操作流程

搅拌蛋黄和砂糖

↓

融化的巧克力和黄油里
拌入淡奶油和可可粉

↓

蛋清里加入砂糖搅拌

↓

巧克力蛋糕糊加入
蛋白霜搅拌

↓

隔热水烘焙

前期准备

- 将板状的巧克力粗略切碎。硬币形状无须加工。

- 模具中垫入烘焙纸。垫在侧面的纸要事先在下面剪开小口，然后折到底部。事先将烘焙纸剪成圆形垫在底部（防止蛋糕糊漏出）。

- 蛋清要放在冰箱里充分冷却。

- 低筋面粉混合可可粉过筛。

- 烤箱预热〔目标温度170℃+（20～40）℃〕。

🍴 最佳食用时间 🍴

- 烤好后的蛋糕，内部呈半熟状态，要冷冻一晚。切开后自然解冻（也可冷藏）后食用很美味。

- 蛋糕恢复16℃口味最佳。烤好后翌日到2～3日口感都绝佳。烤好后到第5天都可食用。

要点

- 本店提供的蒸烤型巧克力蛋糕是将搅拌后的蛋糕糊直接蒸，蛋糕里面不要烘焙，在短时间内制作而成的。

- 醇厚的巧克力味里可以感受到蛋白霜特有的轻盈绵软。

- 这款蛋糕是隔温水烘焙的，所以不能使用活底模具。

- 为了做出好吃的蛋白霜，一定要先将蛋清冷却。

- 配上树莓酱汁（23页）可以突出巧克力的风味。

- 巧克力、可可粉的制造商参照70页。

准备巧克力

1 搅拌盆中放入两种巧克力和黄油隔热水熔化，温度上升至45~50℃。

制作巧克力蛋糕糊

2 淡奶油放入另一个搅拌盆隔热水，温度保持在人体体温程度。

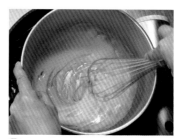

3 搅拌盆中放入蛋黄和砂糖，用搅拌器搅拌。隔热水继续搅拌至人体体温程度后撤去热水。隔热水是因为想溶化砂糖，加热后可以防止再加入的巧克力凝固。

4 第1步中熔化的巧克力里加入第3步的蛋黄搅拌。

5 接着加入第2步的淡奶油。这时加可可粉可以造成蛋糕糊凝固，不利于继续操作，因此，材料要在保温状态下搅拌。特别是冬天时一定要保证高温状态。

6 加入筛过的低筋面粉和可可粉，用搅拌器快速拌匀。蛋糕糊逐渐紧实，用力搅匀。

制作蛋白霜

7 待整体出现光泽后停止搅拌。

8 取出冷藏的蛋清加入一小撮砂糖，用电动搅拌器高速打发。搅拌头按顺时针画圈，同时逆时针旋转搅拌盆。蛋清事先冷藏可以避免蛋清失去水分。

9 打发2~2.5分钟，硬性发泡后加入余下砂糖的一半继续打发1分钟。最后加入剩余的砂糖打发1.5分钟。蛋白霜开始起泡、加糖的时候不要停下搅拌器，要持续操作。

制作蛋糕坯

10 黏稠紧实的蛋白霜制作完成。放置在一边会立刻失去水分，但是不用介意。

11 向第7步巧克力的搅拌盆里加入第10步里的蛋白霜的1/3拌匀。**搅拌方法D**（14页）"戚风蛋糕搅拌法"。这样可以将蛋白霜和蛋糕糊糅合在一起。加入的蛋白霜可能消泡，但不用介意，仔细搅拌。

12 蛋白霜和蛋糕糊拌匀后出现光泽即可。

13 将第12步的材料倒入第10步中余下的蛋白霜。

14 刮刀从搅拌盆中央垂直入刀，向左下方刮。刀刃接触盆底一直刮到盆的七点钟方向，搅拌30~40次。**搅拌方法D**。搅拌盆要时不时按逆时针旋转。刮刀用切拌的方式搅拌混合。

15 待气泡消失，整体出现光泽时，继续从底部翻搅60~80次。蛋糕糊呈液态状即可。搅拌至无气泡状态，细滑的蛋清与蛋糕融为一体。

烘焙

16 倒入模具后放入倒满1.5厘米高热水的烤盘中，放入170℃烤箱中烘焙17~20分钟。隔热水烘焙是缓和自下而上的热气，防止蛋糕过热。不隔热水蛋糕会膨胀变形。

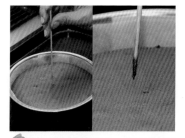

17 用竹签慢慢插到底，确认蛋糕坯的状态。从蛋糕边缘插进1.5厘米的话，什么都不黏；插入中心时，竹签前端会黏上黏稠的泥状蛋糕糊（如右图），此刻蛋糕烘焙完成。

18 从烤箱中取出放在晾架上晾凉。将蛋糕连带模具整体放入冰箱冷冻。冷冻后便于切块且口味也稳定下来，非常美味。常温下保存也可。根据个人喜好可配树莓酱汁（23页）食用。

只需搅拌的食谱
温水巧克力蛋糕

材料（直径15厘米的圆形模具1个）

巧克力（含60%～65%可可浆） 90克

巧克力（含50%～55%可可浆） 27克

无盐黄油（发酵） 63克

黄糖（细颗粒） 75克

温水（约50度） 90克

全蛋 45克

Ⓐ ┌ 低筋面粉 40克
   │ 可可粉 25克
   └ 泡打粉 3克

柑曼怡甜酒 30克

🔵操作流程

熔化的巧克力和黄油中
依次加入砂糖、温水、鸡蛋搅拌

↓

加入Ⓐ的粉类搅拌

↓

烘焙

前期准备

· 将板状的巧克力粗略切碎。硬币形状无须加工。

· 筛入Ⓐ的粉末材料。

· 模具中垫入烘焙纸。垫在侧面的纸要事先在下面剪开小口，然后折到底部。事先将烘焙纸剪成圆形垫在底部（防止蛋糕糊漏出）。

· 烤箱预热〔目标温度170℃+（20～40）℃〕。

🍴最佳食用时间🍴

· 16℃左右口味最佳。

· 烤好后第3～4天最为好吃。5天内应该将其吃完。

要点

· 这款蛋糕和它的名字一样，要加入大量的（温）水，是一款别致的巧克力蛋糕。水嫩的口感将巧克力和柑曼怡的香气娓娓道来。

· 这款蛋糕不用打发，操作顺序十分简单。

· 搅拌时如果出筋，食用时就会粘牙，加入粉类后要慢慢搅拌。

· 鸡蛋、奶油类油脂含量较少，为加重蛋糕的醇厚添加了红糖。

· 巧克力、可可粉的制造商参照70页。

准备巧克力　　制作巧克力蛋糕糊

1 搅拌盆中放入两种巧克力和黄油隔热水熔化后，撤去热水冷却至人体体温程度。

2 加入黄糖。这里加入的黄糖使用的是细颗粒。因材料单一，所以用黄糖加重蛋糕的香醇。

3 用搅拌器搅匀。

4 慢慢倒入约50℃的温水。

5 搅拌器慢慢搅拌均匀。可能暂时会出现面糊和水分离的情况，慢慢搅拌下去则会均匀。

6 待整体黏稠细滑后搅拌停止。

7 加入蛋液继续慢慢搅拌。蛋液要搅匀后才能加入，否则蛋糕糊整体会搅拌不匀。

8 鸡蛋充分糅合在蛋糕糊中后，一次倒入Ⓐ的粉类。

9 竖着握住搅拌器，沿盆壁大幅度搅拌50～60次，慢慢地搅拌整个蛋糕糊，不留死角。竖着拿搅拌器是因为既能不留死角搅拌，又能避免蛋糕糊出筋。搅拌速度过快也会因为材料互相摩擦容易出筋，切记搅拌时不要太快。

10 搅拌时慢慢地有节奏地操作，蛋糕糊就无出筋现象、细致均匀。

11 搅匀后，加入柑曼怡酒继续搅拌直至均匀。

12 蛋糕糊呈液态后停止搅拌。

烘焙

13 慢慢倒入模具中。蛋糕糊本身很黏稠，要将蛋糕糊表面抹平，另外，倒入模具时不必撇去气泡。

14 放入170℃的烤箱中烘焙15～17分钟。

15 确认烘焙情况。竹签从蛋糕边缘裂口处慢慢插入2厘米左右，前端黏上黏稠的巧克力（右图）就是蛋糕成功了。

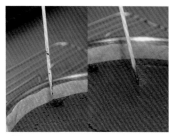

16 在第15步的插孔处边缘插入竹签什么都没黏到。相反插入蛋糕中心处，拨出后前端会黏上少许的巧克力糊。

17 蛋糕连带模具放在晾架上晾凉，直至完全冷却。然后用保鲜膜将其包住，放入冰箱中冷藏2小时左右。

泡芙 *Chou à la crème*

本店营业以来，客人们会说"说起Oven mitten这家店，第一个想到的就是泡芙"。泡芙不只在门店，即便是在点心教室也非常受欢迎。感受鸡蛋的香醇和牛奶风味的同时，材料的绵软在口中蔓延开来，这就是这款泡芙的特色。配料很简单，秘诀就在每个工序的"收尾阶段"。卡仕达要求很高，略微黏稠还不够，要熬煮至非常黏稠，而且为了增加弹性要急速冷却。加到卡仕达中的淡奶油也要打发至即将油水分离、失去水分的状态，且搅拌时一定不要太均匀。这些步骤组合起来就能做出又香醇又软滑的优质填充物了。泡芙皮要充分干燥，这样可以加强酥皮的焦香和硬度。

浓厚的夹心酱与酥脆外皮的完美结合也是泡芙美味的秘诀之一。

泡芙

材料（16～18个）

卡仕达酱

牛奶 400克

细砂糖 107克

蛋黄 94克

低筋面粉 26克

玉米淀粉 13克

无盐黄油（发酵） 22克

淡奶油 223克

泡芙皮

牛奶、水 各45克

无盐黄油 37克

细砂糖 1/3小勺

盐 少量

低筋面粉 46克

全蛋 90克

糖粉（根据个人喜好） 适量

卡仕达酱

泡芙皮

前期准备

· 保冷剂放入冰箱冷冻。

· 低筋面粉混合玉米淀粉过筛。

· 煮卡仕达酱的时候推荐用厚的不锈钢锅。这里使用的是内径16厘米、高9.5厘米、底部和锅边成直角的深型中号锅。

· 烤箱预热〔目标温度210℃+（20～40）℃〕

🍴 最佳食用时间 🍴

· 卡仕达酱注入泡芙皮中后应立即食用。

· 卡仕达酱做好当天必须吃完。

· 烤好的泡芙皮可以冷冻保存。食用时将冷冻的泡芙皮放入160℃的烤箱中加热2分钟即可。

要点

· 在制作卡仕达酱时不要打发蛋黄和细砂糖，细细研磨搅拌就可以了。打发这些材料会使蛋黄失去原有的味道。

· 卡仕达要熬煮才可以做出香醇的口味。这是其口味与众不同的关键。

· 急速冷却熬煮后的卡仕达得以保证增加其弹性。这时按第12步的方法隔冰水和保冷剂冷却要比冰箱冷藏更快降温，也可以防止细菌的生成。

· 加入卡仕达的淡奶油要充分打发至水油分离状态。

制作卡仕达

1 锅中倒入牛奶、1/3的砂糖加热搅拌。

2 搅拌盆里倒入蛋黄打散，加入余下的砂糖后用搅拌盆搅匀。蛋黄搅拌至发白会丧失原本的风味，切记不要打发泡沫，要搅拌均匀。

3 低筋面粉和玉米淀粉过筛加入第2步的材料中，搅拌均匀。

4 第1步的牛奶煮沸后关小火，煮20秒左右，注意不要扑锅。稍加熬煮可使牛奶的味道更浓。

5 立即倒入第3步的搅拌盆里，用搅拌器搅拌均匀。盆中呈浓浆状停止搅拌。

6 将搅拌盆中液体过滤倒回锅中。

7 加热，同时用刮刀不断搅拌。黏稠度逐渐均匀，待整体变硬关火。此时用搅拌器迅速搅拌至整体平滑。

8 用中火加热，有节奏地搅拌4~4.5分钟。此时用刮刀用力地从底部向锅壁刮，将底部的糊刮匀。还要时常刮扫侧边，把黏在锅边熬好的糊刮回到锅中。

9 蛋奶糊在加热2分钟时虽然已平滑细腻，但仍需继续熬煮。不断搅拌可使蛋奶糊的水分蒸发，才能制成弹性十足的卡仕达酱。

10 锅底的蛋奶糊出现焦化现象时制作完毕。关火加入黄油用余温熔化，搅拌均匀。

11 立即放入深烤盘中，在表面盖上一层保鲜膜避免水分流失。

制作泡芙皮

12 深烤盘底部隔冰水，上边铺上保冷剂使之迅速冷却。这样急速冷却可使卡仕达更具弹性。

13 锅中加入牛奶、水、黄油、砂糖和盐加热。黄油熔化煮沸后关火。

14 低筋面粉过筛倒入锅中，用搅拌器迅速搅拌。使用搅拌器可以避免粉末四溅，迅速搅匀。

15 面糊搅拌均匀后用中火加热。换成刮刀、抵住按压搅拌1分钟左右。

16 加热搅拌1分钟左右，锅底逐渐出现焦化现象。待面糊软化、颗粒变粗后倒入搅拌盆。

17 面糊冷却前分4～5次倒入搅好的蛋液。开始时用刮刀，在蛋液倒第3次时用手动搅拌器开低速搅拌。

18 蛋液全部倒入后再用刮刀搅匀。

19 做好的面糊出现光泽，甩掉面糊时刀身黏的面糊呈三角形。面糊冷却了就不易判断面糊的程度，所以要尽快操作。

20 烤盘中铺烘焙纸，裱花袋装上1厘米的圆口裱花嘴，将第19步的面糊挤出3.5厘米左右的圆形。挤面糊时，裱花嘴固定好，离开烘焙纸1厘米左右略微倾斜。

21 喷雾器装水，喷在挤好的蛋糕上，放入预热的烤箱中。在210℃下烘焙15分钟，之后调低至180℃继续烘焙10分钟。

22 烤箱温度调至150℃以下烘焙5分钟烤干面糊。泡芙皮烤硬后烘焙完成。冷却后泡芙皮会有少许塌陷，因此，烘焙时要等到泡芙皮的裂口处上色才完成。

23 第12步的状态维持30分钟以上，卡仕达冷却凝结成冻。

24 卡仕达冻放入盆中，用木制刮刀仔细碾碎。抵住盆底碾压拉长。碾压时要用力，可以分两次碾压。

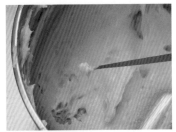

25 卡仕达中发现硬块要及时取出。碾压搅拌至整体软硬一致，出现光泽且黏稠即可。切记搅拌过度则会细软，也会失去筋道。

26 淡奶油隔冰水用电动搅拌器打发。打发至奶油失去光泽，即将水油分离前的状态。奶油打发的较硬，就能和卡仕达混合搅拌出甜软而又糯的卡仕达酱了。

27 第25步材料中加入淡奶油的1/2，大致搅拌后，再加入剩下的一半搅拌。搅拌至淡奶油的白色还清晰可见时即可。这样可以保证卡仕达与淡奶油各自的味道鲜明。

28 泡芙皮冷却过后横着切开。右图就是切好的侧面图。泡芙皮整体干燥，里面筋道柔软，外面结实硬挺。

29 裱花袋不安装裱花嘴，装入第27步的材料，填满泡芙皮。一个泡芙填充约40克。盖上另一半泡芙皮，根据喜好撒上糖粉。

蒙布朗 *Mont-blanc*

　　蒙布朗妙在根据奶油与面坯的组合方式不同，可以造就多种不同的口味。那做什么口味的栗子奶油呢？要配什么类型的面坯呢？

　　目标是做出大家熟知的栗子原味奶油。

　　它注重栗子煮熟后原汁原味的天然甘甜和香气。

　　之所以从带壳煮栗子开始操作，是要突出新鲜栗子的原味。

　　虽然栗子煮熟后用茶匙脱壳很费时间，却可以享受到亲手加工栗子的原始味道。

　　蒙布朗底座的面糊里混合了酥脆轻盈的马卡龙。

　　这是一款衬托栗子奶油和香气的绝妙组合。

材料（约15个）

马卡龙

  蛋清 100克

  细砂糖 140克

  ┌ 杏仁 50克

  │ 细砂糖 45克

  └ 玉米淀粉 25克

栗子泥

  栗子 385克（煮熟后脱壳）

  细砂糖 55克

  淡奶油 55克

  无盐黄油 55克

淡奶油 380克

  （搅拌盆隔冰水，将淡奶油打
  至8分发）

卡仕达 225克

  （制作方法参照80页）

马卡龙

蒙布朗奶油

前期准备

·黄油恢复室温。

·加入栗子泥中的淡奶油要先
 煮沸，然后冷却至人体体温
 程度。

·烤箱预热〔目标温度115℃+
 （20～40）℃〕。

▌最佳食用时间▌

·制作完成后即是最佳时间。放置时间
 过长会使蛋白霜受潮。

·栗子在大量上市时多买一些，趁着新
 鲜将其煮熟脱壳，冷冻保存（可保存
 1个月）。

·栗子泥必须在做好后2～3天内使用完
 毕。

·烘焙好的蛋白霜可在室温下保存7天。
 为避免受潮，要放在密闭容器中保存。

要点

·栗子带壳水煮，煮好后留在热水
 中晾凉，可以除去栗子的涩。

·杏仁要在使用当天焙煎，然后放
 入搅拌机中磨碎后使用，味道自
 然与众不同。

·为了提升口感，栗子泥要在研磨
 器中搅拌后过滤。

·做栗子泥时，用做鱼面条的用具
 推筒。

·马卡龙和其他的奶油已经十分甜
 了，香提淡奶油也不需要加糖。

·栗子泥的配料只有生栗子、砂
 糖、黄油、淡奶油，绝无添加市
 场销售的栗子泥、糖水板栗、香
 精等。

煮栗子

制作马卡龙

1 栗子洗好下锅，加大量的水淹没栗子后开中火加热。煮沸后关小火熬煮1小时20分钟左右（熬煮时间要根据栗子的大小而定），熬煮过程中水若不够要加水。切开查看栗子的火候，如果内部变软则关火。关火后栗子留在锅中晾凉。

2 冷却后将栗子切开，用茶匙将栗子瓤取出。之后还要过滤，因为取出栗子瓤是可以混入少量的涩皮的。栗子去皮后冷冻保存。

3 杏仁放入160℃的烤箱中焙煎18~20分钟，然后放入搅拌机中打碎。不要磨成粉状，留有小颗粒状即可。杏仁很快就会酸化，所以每次只磨需要的用量即可。大颗粒可能会堵住裱花嘴，事先用刀切成3~4毫米大小的碎粒。

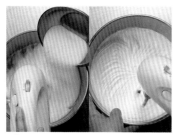

4 用手混合砂糖、杏仁和玉米淀粉。

5 制作蛋白霜。蛋清里加入1小茶匙的砂糖，电动搅拌器开高速搅打起泡。这款蛋白霜相比戚风蛋糕或其他的蛋白霜要软。

6 搅打1分30秒左右，打发至7成发时加入一半砂糖。然后继续搅打1分钟左右加入余下的砂糖。砂糖如果一次性全加入会影响蛋白霜的生成量，所以要分两次加入。搅拌器以8秒转10次的低速大幅度画圈。

7 蛋白霜做好后浓稠、呈现光泽。提起搅拌器，蛋白霜呈向下弯曲状。注意蛋白霜不要打发过度。

8 蛋白霜中一次性加入第4步的粉类，用刮刀搅拌均匀。刮刀从盆中心向斜下方刮，刀刃朝下搅拌。**搅拌方法D**（14页）"戚风蛋糕"。蛋白霜包裹住杏仁的颗粒，整体均匀后继续搅拌30次左右。

9 待整体变软，刮刀黏着的蛋白霜前端弹性十足，出现倒钩状即成。

10 烤盘中铺上烘焙纸。将第9步的蛋糊装入裱花嘴1厘米的裱花袋中。挤出15个直径为5.5厘米大小的旋涡状面坯。这个就是蒙布朗的底座。因为面坯不会太过膨胀，所以面坯与面坯之间留1.5厘米左右的间隔即可。

11 按同样方法制作直径3厘米的"中号"、直径1.2厘米的"小号"面坯。中号做成圆拱形，小号做成圆锥形。放入115℃的烤箱中烘焙80分钟。烤好的面坯需要充分干燥，所以在烤好后放置在烤箱中晾凉。大、中、小号烘焙时间皆同。

12 将第2步的脱壳栗子、砂糖、恢复室温变软的黄油和煮沸后冷却至人体温度的淡奶油一齐倒入搅拌机研磨3～4分钟搅拌均匀。如果觉得栗子很甜，可以适量减少砂糖的量。

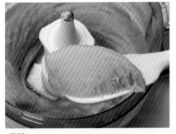

13 搅拌均匀至不再粗糙。栗子水分太少时可以加少量的淡奶油。

14 过滤器放置搅拌盆上，使用刮板过滤第13步的材料。

15 将卡仕达酱装入裱花袋中，在每个"大号"马卡龙上挤出15克。可以用电子秤测量着操作。然后在卡仕达酱上盖上"中号"马卡龙，轻轻压一下使其固定。

16 之后在"中号"上面挤出打发至8成的淡奶油，每个25克，都要挤成旋涡状。淡奶油很软，会从四周下滑，整体逐渐呈球形。

17 将第14步的栗子泥装入推筒，在第16步的材料上方挤出。每个挤40～45克。放入推筒的量只要栗子泥的2/3以下。拿起推筒垂直于操作台，力道均一地在蛋糕正上方挤出。来回重复2～3次，每次方向变化90°直至蛋糕上盖满栗子泥。

18 在蛋糕顶端放上马卡龙"小号"即成。根据个人喜好也可撒上糖霜。如果不将材料组合直接装盘，在容器中直接挤出卡仕达酱、淡奶油、栗子泥，然后配上打碎的蛋白霜。

草莓蛋糕

Strawberry shortcake

　　杰诺瓦士（全蛋打发）蛋糕如果按顺序依次操作的话绝不太难，是一款不太容易失败的蛋糕，您一定要试一试。

　　与普通的食谱不同，这款蛋糕加入粉类后要搅拌很多次，甚至会有种"这么搅拌行不行啊？"的感觉。

　　基本思路是：先打发砂糖和全蛋，做出许多又韧又细的气泡，然后加入面粉搅拌，做出包容气泡的"重要载体"。

　　烤好的蛋糕坯即使刷上水饴也弹力十足，不会破损，鸡蛋也风味浓厚，整体不会太甜。当然，制作蛋糕无论是打发方法还是搅拌方法，每个细节都需要技巧，只要稍稍抓住要点就可以做出蓬松细致的蛋糕。此外，本章为想提升蛋糕制作水平的各位详细介绍了基本的抹坯和裱花的操作顺序。

草莓蛋糕

材料（直径18厘米的蛋糕坯1个）

杰诺瓦士
　全蛋　150克
　细砂糖　110克
　水饴　6克
　低筋面粉　100克
　Ⓐ〔无盐黄油　26克
　　　牛奶　40克
表面刷的糖水
　水　80克
　细砂糖　27克
　樱桃酒　20克
奶油
　淡奶油　360克
　牛奶　15克
　细砂糖　20克
草莓　1~2盒

前期准备

· 模具中垫入油纸。首先垫在模具侧面，然后在底部铺上剪好的圆形纸。
· 筛入低筋面粉。
· 材料倒入搅拌盆中混合。
· 烤箱预热〔目标温度160℃+（20~40）℃〕。

▶操作流程

打发全蛋和砂糖
↓
加入面粉搅拌 `搅拌方法A`
↓
加入熔化的黄油和牛奶搅拌
`搅拌方法A`
↓
烘焙
↓
装裱

❚最佳食用时间❚

· 做好后当天为最佳。
· 杰诺瓦士本身冷藏可保存1天，冷冻可保存2周。

要点

· 建议使用深一点儿的搅拌盆。
· 杰诺瓦士蛋糕要求在加入面粉后搅拌120~150次，搅拌成平滑细致状态。
· 水果选择个人喜好的即可。夏天推荐使用菠萝。
· 蛋糕转台最好选择有重量的类型。塑料制的转台太轻不稳定。

制作杰诺瓦士蛋糕坯

1 小号搅拌盆中加入水饴，隔温水软化。搅拌盆上盖一层保鲜膜，使水饴表面不容易凝固。

2 找另一个深搅拌盆，放入鸡蛋打发，加砂糖搅拌均匀。搅拌时隔温水至砂糖溶化，鸡蛋保温至40℃左右。

3 将1的水饴加入2，搅拌使其充分溶化，加入水饴是为了保湿。

4 步骤3的材料用电动搅拌器开高速打发。开始打发时，材料的温度保持约36℃。搅拌器垂直抵在盆底，沿着盆壁按1秒2周的速度画圈。

5 4分半后，蛋液打发至发白浓稠。提起搅拌器，可以在蛋糊上淋出"の"的图形即可。若淋出的字立刻消失，则要继续打发20～30秒。

6 搅拌器调至低速继续打发2～3分钟。搅拌器在手边固定住，打发20秒后，搅拌盆按逆时针旋转30°，反复操作。这样做是想增加气泡的含量。打蛋器的搅拌头将大气泡卷进去，生成小气泡。

7 搅拌器开低速搅拌第6步的材料，同时将材料Ⓐ隔温水至黄油熔化，保持在40℃以上。

8 第6步中出现的大气泡逐渐消失，蛋糊变得蓬松细致即可。

9 用牙签在蛋糊中央插下去一二厘米放开手指。牙签能够保持1～2秒不倒，就证明蛋糊打发成功。

10 甩掉搅拌器上的蛋糕后，用刮刀刮扫搅拌盆壁。刮刀紧贴盆壁沿逆时针刮一周。照片中就是刮刀刮完一周的状态。刮完后正好是反手拿刮刀。

11 将盆倾斜后让盆壁再次黏上蛋糊。这样做，加入的面粉就不会直接接触搅拌盆，会和蛋糕顺利地搅拌在一起，且能避免生成颗粒。

12 筛好的面粉再筛一遍，一次性加入蛋糕中，用刮刀大幅度翻搅。刮刀从搅拌盆的2点钟位置入刀，左手按在9点钟位置。这里使用**搅拌方法A**（12页）"杰诺瓦士搅拌法"。

13 刮刀刀刃垂直抵住盆，通过盆中心一直刮到8点钟位置，然后紧贴盆壁刮至9点半位置。刮盆时，左手扶盆按逆时针方向旋转（至7点钟位置）。

14 手腕自然翻转，然后将面糊甩回盆中心略微偏左的位置。每搅拌一次，刮刀都要偏移60°，且每次左手都要旋转搅拌盆。

15 搅拌35～40次至粉末消失。图为刮刀紧贴盆壁认真搅拌的样子。

16 第7步的黄油和牛奶顺着刮刀流入盆中，再用刮刀按**搅拌方法A**搅拌90～110次。

17 搅拌完毕。面糊出现光泽变得细致。用刮刀翻搅后蛋糕糊呈液态即可。

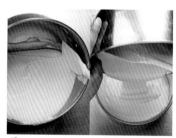

18 扫盆，将蛋糕糊倒入备好的搅拌盆中。**刮盆方法**（10页）不要用刮刀反复刮蛋糕糊，否则会弄破蛋糕糊中的气泡。搅拌盆和盆沿上附着的比较黄的"死"蛋糕糊要分散倒入盆中。

19 将整个模具从离操作台10厘米的地方方向下摔1～2次，震破表面的大气泡。

20 放入160℃的烤箱中烘焙33～35分钟。蛋糕颜色很漂亮，模具侧面的油纸呈少许的波浪状就代表蛋糕烤好了。烤好的蛋糕在模具中有6厘米左右高。

21 蛋糕从烤箱中取出后连同模具从离操作台15厘米的高处向下摔。这样做可以避免蛋糕坯脱模后缩小。

收尾工序的准备

22 将盆倒扣在晾架上脱模。5～6分钟后将蛋糕翻面晾至完全冷却。

23 制作糖水。锅中加水和砂糖煮开，晾凉后加入樱桃酒。

24 打发淡奶油。搅拌盆中加入淡奶油、牛奶和砂糖，隔冰水打发7分钟。整体打发至7成发泡状态停止，使用前再继续打发盆中所需用量的奶油。要点是不要打发过度。加入牛奶是为了增加轻盈的口感。

25 切第22步的蛋糕坯。揭去油纸，蛋糕底朝上，将表面（就是蛋糕底边）薄薄地切去一层。

26 切好的一面朝下，沿着1.5厘米高的木条前后滑动切蛋糕。同样再切2片，备齐3张。

27 蛋糕表层切片后，扫清不必要的碎渣。蛋糕的细渣混合奶油后无论从视觉还是从口感上都有所降低，所以，此时要大致扫清。

组合

28 切开草莓。形状美观的留作装点，余下的切成7毫米宽。草莓水洗会有损外观，用布擦拭一下即可。

29 第25步中片切一层的材料做蛋糕底，切面朝上放在转台上。毛刷蘸满糖水，压住蛋糕涂满一层。每次刷5～6厘米，均匀地刷满整个蛋糕。糖水在这层蛋糕上刷得最多。

30 将第24步淡奶油中的一部分在自己身体一侧打发至8～9成发泡程度，然后放在第29步的蛋糕上。奶油量为40克左右。

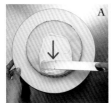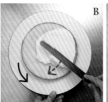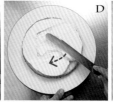

31 用抹刀从外侧向内侧抹奶油（A）。注意不要将奶油从蛋糕底中抹出去。转台向右旋转90°，奶油从右向左抹6～7厘米，同时将转台按逆时针转动（B、C）。这样重复3～4次（D、E）。蛋糕整体涂满奶油后将抹刀在身体一侧固定，同时将转台旋转1～2周，顺势将奶油抹平。自上而下握住抹刀柄，食指贴在刀面上，运用食指的力道涂抹奶油。抹刀支点在刀刃的右侧，右侧稍微向下倾斜。

← 代表抹刀的运动方向
←-- 代表前进的方向
← 代表转台的旋转方向

32 涂满奶油的蛋糕上摆放第28步的草莓块呈放射状（F）。摆在最外沿的草莓要离蛋糕边缘向内侧摆放2～3毫米，且将草莓的平面、宽面朝下。反之则会使草莓间出现缝隙。然后在蛋糕中心放与第30步的奶油相同的量（G），操作方法与第31步（H～J）相同。奶油抹平至覆盖住草莓。

33 将第26步中切下的中间部分的蛋糕坯翻转轻轻刷上一层糖水，翻过去叠放在第32步的材料上。再在表面上满满的刷上一层糖水。

34 与第30～32操作步骤相同，涂抹奶油、摆放草莓，再在上方涂抹一层奶油。

35 叠放在最上层的蛋糕，在切口处刷一层糖水后翻面叠放在第34步的蛋糕上，将余下的糖水全部刷在蛋糕上。

涂抹奶油（抹坯）

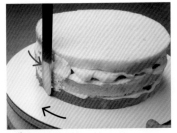

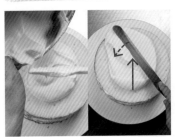

36 抹匀侧边挤出的奶油。抹刀垂直贴在蛋糕的8点钟位置，按照向前抹5厘米向后倒退2厘米的方式刮抹。刮抹时按顺时针旋转转台将其抹平。

37 剩下奶油的1/2～2/3倒在蛋糕中心。与第31步相反，这次刮刀从身体一侧向外侧抹去。抹刀前端探出蛋糕1厘米左右，让奶油从侧面下滑。

38 左手顺时针略微旋转转台，将奶油涂抹一周。奶油的厚度为3～4毫米。最后旋转转台一周将蛋糕表面抹平。

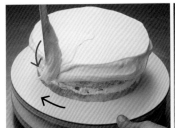

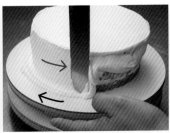

39 涂抹蛋糕侧面。首先抹平从蛋糕上层滑下来的奶油。抹刀的位置与第36步相同，都在8点钟位置，同转台一样也是一点点地旋转刮抹侧面一周。

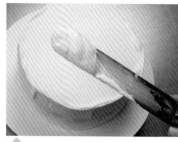  

40 再涂抹第39步的侧面部分，开始正式抹坯。刮刀蘸取少量的奶油，与第39步相同垂直于转台，从8点钟位置每次刮抹5～6厘米移动至身体一侧，涂抹厚厚一层。左手顺时针每次旋转转台30°～60°。这样反复操作5～6次，每次加些奶油涂抹蛋糕侧面。

 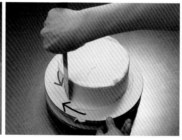 

41 奶油薄的部分加上奶油，蛋糕侧面全部厚厚地涂匀。最后将抹刀固定在8点钟位置，快速旋转转台1周，使奶油保持固定的厚度抹平。蛋糕上面边缘处不规整、出现多余的奶油时最佳。

  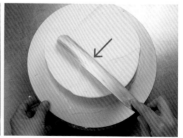

42 将蛋糕上边抹平。抹刀从2点钟位置快速滑向中心处，抹平后棱角鲜明。顺时针旋转转台60°左右，要领相同，抹5～6次使表面棱角鲜明。

裱花

43 处理底座上挤出来的奶油。抹刀从右侧向左侧沿蛋糕底划动，抹刀的右侧稍稍抬起，将多余的奶油刮掉，同时左右逆时针旋转转台4～5次旋转1周。

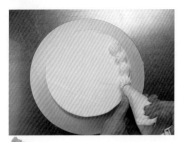

44 表层裱花。裱花袋装星形裱花嘴，装入奶油（11页），从右上侧开始裱花。在裱花过程中用力的是右手，左手只起到扶稳裱花嘴的作用。

45 裱花袋角度垂直向身侧略倾斜，每次裱1厘米左右。挤好后，右手向斜下方迅速收一下。这套动作反复进行4～5次、前进10厘米左右时旋转转台，这样转动4～5次就能转动1周。裱花袋中的奶油渐渐变少时要及时调整握姿。

46 裱花结束后将蛋糕盛到盘中。从身体一侧入刀，抹刀从底部插入4/5，将蛋糕抬起，另一只手托起蛋糕移入盘中。

47 草莓去蒂，整齐地摆放在蛋糕中。草莓尖头朝外稍稍倾斜摆放会很漂亮。

48 完成。如果做生日蛋糕，还要在蛋糕中央插上插片。

草莓蛋糕完美切块

准备一个较深的搅拌盆，加入热水。切时每次都要把刀放在热水中浸泡，待刀身变热时擦干水分。握住刀一定要和身体成直角，同时也要垂直于蛋糕切下去，然后刀身小幅度前后拉动。首先要从中间切开，然后将蛋糕向右侧挪3厘米左右。每切一次都要挪动蛋糕，半边蛋糕再切1/2（整体4等分），然后再切一半（8等分）

蛋糕卷 *Roll cake*

拥有圆圆的切口，现在俨然是明星甜品的蛋糕卷。

本书介绍的蛋糕卷中采用的全蛋打发的杰诺瓦士蛋糕坯。

与草莓蛋糕的蛋糕坯相比，鸡蛋多、面粉少。

而且材料中没有黄油等油脂，即使冷藏，蛋糕底也不会变硬。蛋糕本身蓬松柔软、鸡蛋风味浓厚，但也由于面粉很少，容易形成颗粒，所以要留神搅拌方法。

这款蛋糕可以有两种变化。"水果蛋糕卷"弹性很好、蛋糕坯很薄，包裹了厚厚的奶油。

"巧克力蛋糕卷"则是将面粉减至最低，再夹上厚厚的巧克力，拥有法式巧克力蛋糕的一点点苦和香浓。

巧克力蛋糕卷

水果蛋糕卷

经典蛋糕卷
香草蛋糕卷

材料（长30厘米的蛋糕卷1个）

蛋糕坯（30厘米×30厘米的烤盘1个）

　全蛋　230克

　细砂糖　105克

　水饴　14克

　低筋面粉　86克

　[牛奶　38克

　[香草荚　1/6根

奶油

　淡奶油　170克

　细砂糖　10克

前期准备

在烤盘中铺上油纸。油纸侧面立起来1～1.5厘米，比烤盘略高，侧边四周沿底边铺在烤盘中。

· 低筋面粉过筛。

· 牛奶调至室温，取出香草子加入牛奶中搅拌。

· 预热烤箱〔目标温度180℃+（20～40）℃〕。

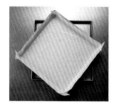

操作流程

打发全蛋和砂糖

↓

加入面粉搅拌 搅拌方法B

↓

加入牛奶搅拌 搅拌方法B

↓

烘焙

↓

装裱

最佳食用时间

· 做好后当天为最佳。

· 做好后当天吃完（根据蛋糕坯侧状态有时可以冷藏至第二天）。

要点

· 加入水饴和牛奶搅拌，全蛋打发，所以不必刷糖水。另外，这款蛋糕不用黄油，所以在冰箱中冷藏也不会变硬。

· 面粉使用的是细颗粒"特级紫罗兰"（日清制粉）。这款面粉质地软绵，但很难和匀，因此，在使用前要过筛，而且它的搅拌方法也需要一定的技巧。

· 烘焙时要垫两张烤盘。这样就可以中和火候烤出漂亮的蛋糕坯了。

制作蛋糕坯

1 小号盆中倒入水饴，隔热水使之软化。小号盆内侧沾水，便于盆中的水饴倒出。盖上保鲜膜可以避免水饴表面硬化。

2 另找一个盆，倒入全蛋打散，加入砂糖，用搅拌器打发。隔热水搅拌至砂糖溶化，待温度升至40～43℃后撤下。留神不要使温度升得过高。

3 第2步的材料中加入第1步的水饴，用搅拌器打发搅匀。

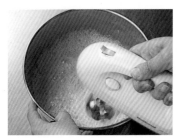

4 换成电动搅拌器，垂直于盆中大幅度打发5分钟。开始打发时，蛋液的温度最好在36～40℃。温度过高会造成蛋糕坯粗糙。

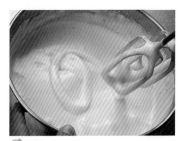

5 提起搅拌器，用流下来的蛋糊画"の"的图形，画完后字迹不退。

6 换至低速继续打发2～3分钟，搅拌均匀。搅拌器固定在身体一侧，持续打发15～20秒，搅拌盆旋转45°继续打发。打蛋器的搅拌头将大气泡卷进去，生成小气泡。

7 大气泡消退后蛋糊更加细腻。然后筛入低筋面粉。这款低筋面粉容易粘连在一起，所以使用前再筛一次。

8 用刮刀翻搅30～35次。这里使用 搅拌方法B（13页）。刮刀在搅拌盆的2点钟位置插进蛋糊中，贴盆底向8点钟位置刮去，大幅度翻搅。在刮刀翻上来的时候面朝上，上下抖一下，把刮刀上的面粉抖落。

9 反复按相同方法操作。刮刀的圆弧部分贴底，用刮刀面来翻搅。每次刮刀翻上来的时候要抖一下黏着的面粉，迅速翻搅。每翻搅一次搅拌盆逆时针旋转60°。

10 翻搅至面粉消失，加入混合香草子的牛奶。

11 然后按照第8步顺序反复翻搅60次，共计90~100下。待蛋糕糊出现光泽、质地松软时停止搅拌。

12 刮扫蛋糕糊，倒在备好的烤盘中央。

13 用刮片朝烤盘四个角刮，将蛋糕糊刮平。

14 刮片的长边贴蛋糕糊倾斜30°，从左至右轻轻地快速刮平。刮片旋转90°，按同样的方法操作4回。最后将刮片上黏着的蛋糕糊刮回烤盘四角或蛋糕糊较少的地方。

15 把烤盘从7~8厘米的高处自然落到操作台面上，振掉表面的大气泡。

烘焙

卷蛋糕

16 下面再垫上一个烤盘，然后放在晾架上（不要叠放3个烤盘），放入180℃的烤箱中烘焙。12分钟后前后掉转，继续烤5分钟。烤好后撤下烤盘放在晾架上晾凉，然后再盖上干毛巾。

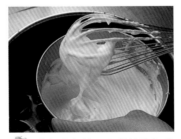

17 淡奶油加糖，用搅拌器打发7~8分钟。搅拌器提起后奶油不立即滑落即可。因为蛋糕底既松软又有弹性，因此，奶油霜不要太硬，要保持奶油的柔软，打发一定程度即可，这样才能做出口感绵软的蛋糕卷。

18 第16步的蛋糕坯晾凉后底部朝上放入烤盘中，从身体一侧向外侧揭开油纸。保留油纸，将蛋糕坯再翻转过来，烤面朝上。

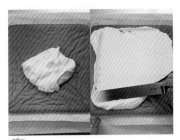 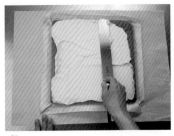 

19 第18步的蛋糕中央放上奶油霜，用抹刀（L形）涂抹，按照右上→左上→左下→右下的顺序抹开。

20 抹刀从左向右、从外侧到内侧移动，将奶油霜抹匀。蛋糕整体都涂抹完之后，刮薄一个边的奶油霜。这条边是卷蛋糕时最里面的边。

21 手拿油纸将蛋糕坯从身体一侧抬起1/4，手指按着蛋糕坯开始卷芯。双手抓住油纸底边5厘米处将之提起，不要停，一卷到底。奶油从蛋糕卷的两端挤出来时用抹刀抹平。

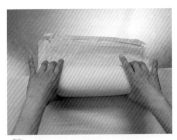

22 卷好后将接缝朝下拉回身前，双手轻轻按压整形。放在冰箱中冷藏30分钟以上，蛋糕更加紧实。油纸保持原状。

蛋糕卷的新风味

材料（长30厘米的蛋糕卷1个）

蛋糕坯（30厘米×30厘米的烤盘1个）
　全蛋　215克
　细砂糖　102克
　低筋面粉　82克
　牛奶　39克
奶油
　淡奶油　170克
　细砂糖　10克
水果（草莓、猕猴桃、菠萝等）共计230克
糖水
　细砂糖　6克
　水　18克
　樱桃酒　5克

💧 水果蛋糕卷

这款蛋糕卷包裹了很多水果，蛋糕坯一定要薄，刷水饴后再卷。

要点

· 搅拌次数比香草蛋糕卷多，是110～120次。这样可以做出更细腻的蛋糕。

1 水果切成7毫米大小的小块。草莓稍多一些可以增加色彩，提高美感。

2 蛋糕坯的制作参照从101页开始的香草蛋糕卷制作方法。搅拌次数稍多，为110～120次。烘焙前的蛋糕糊如图呈丝带状。然后放入190℃的烤箱中烘焙16分钟，再烘焙至第11分钟时前后翻转烤盘。

3 糖水由水和砂糖熬煮而成，且混合了樱桃酒。蛋糕坯晾凉后刷满一层糖水。

4 涂抹奶油霜时和香草蛋糕卷相同。水果从身体一侧按种类依次排开，摆放时水果要陷入奶油里。卷蛋糕的操作方法与香草蛋糕卷相同。

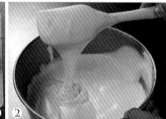

巧克力蛋糕卷

好像法式巧克力蛋糕一样入口即化，巧克力奶油中树莓别具一格。

材料（长30厘米的蛋糕卷1个）

蛋糕坯（30厘米×30厘米的烤盘1个）

  全蛋 225克

  细砂糖 137克

  [低筋面粉 35克

  [可可粉 35克

  牛奶 36克

巧克力奶油

  巧克力（可可含55%） 60克

  牛奶 38克

  淡奶油 190克

树莓（冷冻，完整） 80克

糖水

  细砂糖 6克

  水 18克

  樱桃酒 5克

要点

· 巧克力蛋糕卷含有可可成分，容易消泡，搅拌次数略少，
  为60～70次。烤好后的蛋糕坯也容易破损，要轻拿轻放。

1 蛋糕坯的制作参照从101页开始的香草
  蛋糕卷制作方法（可可粉要和低筋面粉
  一起过筛）。搅拌次数稍少，为60～70
  次。放入190℃的烤箱中烘焙17分钟，
  在烘焙至第11分钟时，前后翻转烤盘。

2 巧克力奶油是切碎的巧克力加入煮沸前
  的牛奶搅拌而成。巧克力熔化后温度在
  20℃左右。

3 第2步的淡奶油加入1/4搅拌，然后再倒
  入余下的部分，用电动搅拌器开低速搅
  拌至7～8成发泡。

4 加入樱桃酒的糖水（同水果蛋糕卷的第3
  步）刷在蛋糕坯上。巧克力奶油的涂抹
  方法和香草奶油一样。身体一侧的奶油
  要厚，然后放树莓，不要留空隙地陷入
  奶油中。蛋糕的卷法与香草蛋糕卷一
  致。

芝士蛋糕坯
三文鱼奶油奶酪

芝士蛋糕坯
芦笋味

法式咸蛋糕 *Cake salé*

　　法式咸蛋糕最近在法国国内备受关注，逐渐刮起风潮。这是一款类似小菜感觉的咸味磅蛋糕。但其做法和配料还是有别于普通的磅蛋糕。这款蛋糕制作时不放糖、不生成气泡，蛋糕糊容易过黏过硬。因此，从"天妇罗外衣"得到灵感，发明了"3根筷子"搅拌法。这种搅拌方法可以做成棉软有弹性的蛋糕坯。

　　基本蛋糕坯分"芝士"和"山药"两种类型，但无论哪种蛋糕坯都可以添加各种食材创作新风味。它的断面也很鲜艳，可做简餐和小型宴会辅食。

芝士蛋糕坯
蘑菇细香葱

芝士蛋糕坯
菠菜核桃

山药蛋糕坯
西兰花

芝士蛋糕坯
芦笋咸蛋糕

材料（21厘米×8厘米×高6厘米的磅蛋糕模具1个）

芝士蛋糕坯

 低筋面粉 125克

 A 泡打粉 5克

 芝士粉 40～55克

 全蛋 115克

 牛奶 70克

 色拉油（无味菜子油）70克

 盐、白胡椒 各1/4小勺多一点儿

馅料

 火腿 50克

 黄色彩椒 40～55克

 西葫芦 50克

 胡萝卜 20克

 绿芦笋 50克

 共计 210～225克

装饰

 圣女果 3～4个

 红色彩椒、西葫芦、芝士粉 各少量

※炒洋葱的制作方法

取2个洋葱切碎。温锅后倒入1茶匙的色拉油后大火翻炒7分钟。洋葱变色，稍有烧焦关小火，用木铲翻炒至洋葱炒熟。整体变成茶色关火（一共炒15～18分钟）。

前期准备

· 磅蛋糕的模具铺上剪好的烘焙纸。

· 预热烤箱〔目标温度180℃+（20～40）℃〕。

▮ 最佳食用时间 ▮

· 烤好后晾至温热程度最好吃。

· 烤好后第二天，在吃之前切片，放入烤箱中重新加热后食用。

要点

· 食盐使用（烤盐）。使用的食盐不同，做出的味道也不同。

· 混入蛋糕糊中的芝士粉建议使用格吕耶尔干酪，用擦子擦碎。粉末状的帕马森干酪也可以做出味道浓厚的芝士。

· 鸡蛋、油混合调料后，为避免油的成分分离要尽快加入面粉类材料。

· 加入面粉类留意不要使面粉出筋。搅拌时类似制作天妇罗的面衣，用3根筷子立着，粗略搅拌。

准备馅料

1 切好材料。火腿切成1厘米的块，彩椒和西葫芦切成8毫米的丁，胡萝卜不太好烤，要切成5毫米的丁。绿芦笋切除根部硬的部分后切段，先切成磅蛋糕模长度，余下的短芦笋切碎。装饰用的圣女果横切开，红色彩椒切成4片，每片为3～4厘米长的细长的三角形，西葫芦切片，每片5毫米左右，切4～5片备用。装饰用的蔬菜放在一起。

准备面粉类   制作蛋糕糊

2 将材料Ⓐ的粉类和芝士粉装入塑料袋中，袋子里充满空气，充分摇匀。芝士粉结块的话，用手隔着塑料袋捏碎。芝士味道浓厚可适当添加盐。

3 搅拌盆中加入全蛋，用搅拌器充分搅匀。

4 加入牛奶、色拉油搅拌均匀。材料中没加黄油而加色拉油，是为了使烤好的蛋糕在室温也能保持松软，而且色拉油味温和，能突显其他材料的风味。

5 然后加入食盐、白胡椒搅匀。操作一旦停下会导致油水分离，注意要一口气完成操作。

6 加入炒好的洋葱搅匀。

7 第6步的蛋糕糊搅好后，趁蛋糕糊表面出现油之前，加入第2步的粉类和芝士。

8 准备3根筷子，小指和无名指夹1根，中指和无名指夹1根，拇指和食指夹1根。立起来的时候筷子近似三角形握住。

9 拿好3根筷子按顺时针画圈（直径10厘米）搅拌35～40次。拇指和食指夹的那根筷子顺着盆壁上挂的面粉边划一周。筷子每划一周将盆反方向转1/4周。

10 各材料渐渐融合。这种搅拌方法在搅拌液体和面粉时，可避免由于用力造成的面粉出筋。

11 搅拌35次左右。这时面糊中有残留的粉末也没关系。之后会加入蔬菜继续搅拌。

12 切好的材料1倒入第11步中的蛋糕糊中。

13 用刮刀搅拌7~8次，从盆中央向外侧大幅度搅拌。搅拌时，要把盆壁上挂着的粉末也搅拌进去。

放入蛋糕模具中

14 搅拌至图中程度即可。搅拌不太均匀也可。

15 立刻将蛋糕糊的一半倒入铺好烘焙纸的模具中，用刮刀抹平。

16 每根芦笋方向相反摆在模具里。

烘焙

17 倒入剩下的蛋糕糊，端起模具轻轻摔在操作台上，使蛋糕糊平整，然后用刮刀轻轻刮平蛋糕糊表面。

18 在上面摆上装饰用的蔬菜，注意不要叠放在一起。为蒸发圣女果的水分，将切面朝上。上面轻轻撒上一层芝士粉。

19 放入180℃的烤箱中烘焙50~55分钟，至表面和侧面上色。脱模，放在晾架上晾凉。烘焙至蛋糕中央膨胀上色，同时，侧面也上色即可。

芝士蛋糕坯的
新风味

材料（21厘米×8厘米×高6厘米的磅蛋糕模具1个）

芝士蛋糕坯（108页与芦笋咸蛋糕相同）

馅料

　洋葱　80克

　莳萝　8～10根

　烟熏三文鱼　90克

　奶油奶酪　90克

装饰

　圣女果　3～4个

　莳萝、洋葱　各少量

🍃 **三文鱼奶油奶酪**

切片后也很美味。

最适合做红酒的辅菜或宴会冷盘。

要点

· 烟熏三文鱼切片即可。

· 奶油奶酪使用 "kiri" 品牌。

· 装饰用的莳萝不能烤焦，因此，
　这些莳萝要贴在蛋糕糊上。

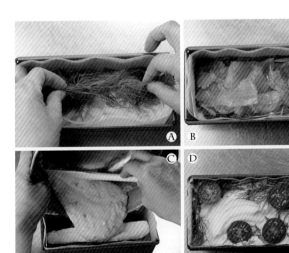

1 准备馅料。奶油奶酪和磅蛋糕宽度
　一致，待其呈长方形后包上保鲜
　膜。蛋糕坯和装饰用的洋葱切成薄
　片，圣女果横着切开。

2 蛋糕坯的制作与109页第2～11步相
　同，然后立即向铺好烘焙纸的模具
　倒入蛋糕糊的1/3。

3 放上洋葱，再在上面铺上莳萝（图
　A）。再放上烟熏三文鱼（图B）。
　馅料摆放时与模具边缘留出空隙便
　于面糊的黏合。

4 烟熏三文鱼上摆上奶油奶酪，再浇
　上剩下的蛋糕糊（C）。

5 连带模具朝操作台轻轻摔一下，表
　面平整填满整个模具，不留空隙。
　摆放好装饰用的材料（D）。

6 放入180℃的烤箱中烘焙50～55分
　钟。待蛋糕表面和侧面上色即成。
　脱模晾凉。

🍄 蘑菇细香葱

油煎香蘑菇拌上大量的细香葱。

材料（21厘米×8厘米×高6厘米的磅蛋糕模具1个）

芝士蛋糕坯 108页
除了食盐用量较少，其余与芦笋咸
蛋糕相同。
馅料
　蘑菇（生）约200克
　　柠檬汁 1小勺
　细香葱 50克
装饰用
　圣女果 3个
　杏鲍菇 少量

※油煎蘑菇的制作方法

杏鲍菇、灰树花、香菇切成便于食用
大小。平底锅倒入色拉油加热，加入
菌类，稍加盐和胡椒煎香。菌类煎软
后淋上柠檬汁，开大火烧干水分后关
火。放入笊篱中滤干水分。

要点

· 菌类煎香后撒盐，蛋糕糊里的食盐分
　量自然降低。

· 细香葱也可换成小葱。

1 菌类准备油煎，撕开取140克留用。细香
　葱切成4毫米宽的小段。装饰用的杏鲍菇
　切薄片，圣女果横着切开。

2 蛋糕糊的制作与109页第2～11步相同，
　然后倒入油煎蘑菇和细香葱用刮刀大幅度
　搅拌7～8次（A）。

3 倒入铺好烘焙纸的模具中。

4 端起模具朝操作台轻轻摔一下，表面平整
　填满整个模具，不留空隙。摆放好装饰用
　的圣女果和杏鲍菇。杏鲍菇表面刷一层色
　拉油（材料外），撒上少许盐（C）。

5 放入180℃的烤箱中烘焙50～55分钟。
　待蛋糕表面和侧面上色即成。脱模晾凉。

菠菜核桃

平底锅烤蛋糕。
拥有核桃加蔬菜完美口感的蛋糕。

材料（直径约20厘米的蛋糕1个）

芝士蛋糕坯 108页
　除了食盐用量较少，其余与芦笋咸蛋糕相同。

馅料
　菠菜（生）　约140克
　核桃（煎炒、粗略切碎）　40克

※黄油煎菠菜的制作方法

平底锅中倒入黄油加热，一束（约140克）菠菜切成3～4厘米的段倒入锅中，加盐、胡椒开大火煎炒。关火，摊开烹调纸吸附菠菜表面的水分后晾凉，加入核桃拌匀。

要点

· 使用直径约20厘米的不粘锅。

· 绿叶蔬菜直接使用有生菜味还会出水，要用黄油煎一下才能加入搅拌。

1 蛋糕糊的制作与109页第2～11步相同，然后倒入油煎菠菜和核桃，用刮刀搅拌7～8次（A）。

2 加热平底锅，擦一层色拉油（材料外）后用烹调纸擦除多余的油。关火、倒入蛋糕糊铺满锅中（B）。

3 立即盖上锅盖，开小火烤15分钟（C）。

4 待蛋糕中央膨起，表面冒出气泡后水分蒸发。确认蛋糕的状态后翻面（D）。

5 不用盖子，开中火烧6～7分钟。最后装盘时先烤的一面朝上会很好看。

山药蛋糕坯
西兰花味咸蛋糕

材料（21厘米×8厘米×高6厘米的蛋糕模1个）

蛋糕坯

- Ⓐ 低筋面粉 125克
- Ⓐ 泡打粉 5克
- 全蛋 125克
- 山药泥 50克
- 盐 1/2小勺多一点儿
- 牛奶 90克
- 色拉油（无味菜子油） 80克
- 炒好的洋葱（参照108页） 36克

馅料

- 火腿 50克
- 红色彩椒 40克
- 南瓜 50克
- 西兰花 60克
- 共计200克

装饰

- 圣女果 3个
- 黄色彩椒 适量
- 豆角 3~4根
- 芝士粉 少量

前期准备

- 磅蛋糕模具中铺好剪好的烘焙纸。
- 预热烤箱〔目标温度180℃+（20~40）℃〕。

🍴 最佳食用时间

- 烤好后晾至温热程度最好吃。
- 烤好后第二天在吃之前切片，放入烤箱中重新加热后食用。

要点

- 山药选用黏性高的银杏薯（山药种类）。
- 这款蛋糕容易变硬，加入山药可以做成松软口感的日式风味。
- 基础蛋糕糊和"芝士蛋糕"的操作方法相同，只是把芝士换成了山药。蛋糕糊中加入山药可使蛋糕更加紧实、更有弹性，且其黏液也能调整蛋糕的硬度。不加入芝士就需增加盐的分量。

准备馅料

1 切馅料。火腿切成8~10毫米的丁，彩椒切成8毫米，南瓜切成5毫米，西兰花的小花朵分开。装饰用的圣女果横着切开，彩椒切片，每片为3~4厘米的细长三角形。

准备粉类

2 材料Ⓐ的粉类和芝士粉装入塑料袋中，袋子里充满空气充分摇匀。

制作蛋糕糊

3 搅拌盆中加入全蛋打散，加入山药泥用搅拌器搅匀。山药选择银杏薯（山药种类）。加入食盐搅匀。

4 山药拌匀。山药品质不同、黏度不同，液体温度也会出现不同。

5 加入牛奶、色拉油用搅拌器打发。然后加入炒过的洋葱、白胡椒继续搅打。

6 加入第2步的粉类，拿住3根筷子搅拌50~60次。山药更有弹力，要多加搅拌。筷子的拿法参照109页。

7 粉类和面糊搅拌均匀后，在第6步的盆中加入切好的馅料（第1步）继续搅拌7~8次。

8 磅蛋糕模中倒入一半蛋糕糊，用刮刀抹平。西兰花切口朝下一字排开。

9 剩下的蛋糕糊都倒入蛋糕模中，整体摔一下，蛋糕糊表面平整填满整个模具，不留空隙。用刮刀抹平后摆上装饰用的豆角、彩椒、圣女果，最后撒上芝士粉。放入180℃的烤箱中烤50~55分钟，待蛋糕表面上色后脱模晾凉。

蔬菜挞 *Tarte aux légumes*

这款点心用了大量蔬菜。

在烤好的挞皮中浇入咸味的挞馅烤制而成。

"洋葱挞"要诀是煸炒洋葱带出其甜味。馅料虽只有洋葱非常简单，但炒好洋葱的甜味也因此更加突出。

"圣女果彩椒挞"是用新鲜蔬菜做的爽口点心。

蔬菜出水会稀释挞水，烘焙时在烤好的挞皮中涂一层蛋液，可使挞馅迅速凝固。

无论哪款都是红酒辅菜或宴会冷盘的最佳搭档。

洋葱挞

材料（直径16厘米的蛋挞模1个）

挞皮　150克（参照54页）
洋葱　中等大小1个　1/2个（约250克）
低筋面粉　8克
淡奶油　100克
蛋黄　14克
全蛋　27克
盐　1/6小勺

胡椒
肉蔻（最好整个用擦板擦成粉末）
红辣椒粉　各取少量

装饰用的洋葱　小洋葱1个
橄榄油　适量
盐　少许

前期准备

· 挞皮按照52页"水果挞"制作方法操作，且和54页第1~18步相同，挞皮烘烤前放入冰箱冷冻。

· 烘焙纸剪成直径17厘米的圆形，边缘每隔2厘米就剪2厘米的口。

· 预热烤箱。烤挞皮时，温度是（200~210）℃+（20~40）℃；倒入挞馅后，温度是180℃+（20~40）℃。

🍴 最佳食用时间 🍴

· 烤好后到第二天都很好吃。食用前需要再热一下。

要点

· 馅料只用洋葱，炒制时间要长，炒成其变成茶色就可以将洋葱的甜味发挥得淋漓尽致。

· 风味虽单一，但加入香辛料也会增加其香味和特点。

烘焙挞皮

1 烘焙挞皮。冷冻过的挞皮坯上铺一层烘焙纸，然后放上重石，放入200～210℃的烤箱中烘焙28～30分钟。待挞皮底部也上色后取出晾凉。如挞皮出现小孔，按照57页方法修补。

制作挞水

2 洋葱竖着切开，其中一半切薄片。平底锅中放少量黄油（材料外）熔化，加入洋葱炒至焦糖色。开始用大火，当洋葱中一部分开始变焦关小火，炒制时间稍长，约20分钟。

3 洋葱放入深烤盘中晾凉。放置过程中颜色加深。

4 搅拌盆中加入低筋面粉，再加入一点儿淡奶油，用搅拌器搅匀。

5 接着加入打散的蛋黄、全蛋搅拌。同时加入盐、胡椒、肉蔻、红辣椒粉。

6 用刮刀将冷却的洋葱（第3步）倒入盆中。再次确认味道，可适当加盐、胡椒等调整。

烘焙

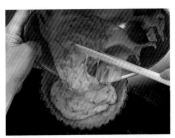

7 第1步的挞皮中倒入第6步的馅料，放入180℃的烤箱中烘焙20～23分钟。

8 装饰用的洋葱带皮切成6～8等分的菱形，切口淋上橄榄油、撒上盐。和第7步一起烤10～15分钟（反过来推算，在烤好前10～15分钟时将其放入烤箱与挞一起烤）。烤好后放在洋葱挞上装饰。

9 洋葱挞烤好后用手轻压一下，如果凝固了，就证明火候正好。从烤箱中取出，放在晾架上晾凉。

西红柿彩椒挞

材料（直径16厘米的蛋挞模具1个）

挞皮 150克（参照54页）　全蛋 62克
蛋黄 适量　　　　　　　　淡奶油 75克
圣女果 70克　　　　　　　盐、胡椒 各小茶匙1/8稍多
洋葱 50克　　　　　　　　大孔奶酪 10克
彩椒 80克（红、黄共计80克）　（或者芝士粉，不要用芝士丝）

前期准备

· 挞皮按照52页"水果挞"制作方法操
  作，且和54页第1～18步相同，挞皮烘
  烤前放入冰箱冷冻。

· 烘焙纸剪成直径17厘米的圆形，边缘每
  隔2厘米就剪2厘米的口。

· 预热烤箱。烤挞皮时，温度是
  （200～210）℃+（20～40）℃；倒入
  挞水后，温度是180℃+（20～40）℃。

最佳食用时间

· 烤好后当天最佳。因蔬菜出
  水，不能留到第二天。

要点

· 烤好后挞液容易过稀，烘焙时在烤
  好的挞皮中涂一层蛋液可使挞皮不
  吸收水分。

· 西红柿擦干水分，彩椒用微波炉稍
  微加热，蒸发掉水分后才可使用。

· 生蔬菜在这款点心中占的比例很
  大，挞液中要加盐、胡椒调味，再
  多加些鸡蛋才能使挞水迅速凝固。

烤挞皮

1 烤挞皮。冷冻过的挞皮坯上铺一层烘焙纸，然后放上重石，放入200～210℃的烤箱中烘焙28～30分钟。待挞皮底部也上色后取出晾凉。如挞皮出现小孔，按照57页方法修补。烤好后立即在挞皮内侧刷上一层蛋黄，用余温将之烤干。这么做可以避免受潮。

制作挞水

2 圣女果切成5～6毫米厚的块去子，然后用纸将其水分抹干。彩椒去子去柄，稍撒些盐（材料外）后放入600瓦的微波炉中加热1.5分钟左右，不用过热。顺彩椒的纹路切成5～6毫米的细丝。

3 搅拌盆中加入全蛋打散，倒入淡奶油用搅拌器搅匀。整体过滤一次。

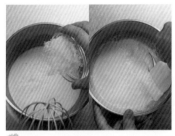

4 加入盐、胡椒和芝士粉后，用刮刀翻搅防止芝士粉沉底。

5 第1步的挞皮中摆入圣女果，不要重叠在一起。

6 圣女果上铺上彩椒后浇入第4步中挞液的一半。

7 剩下的彩椒和洋葱混合后摆在第6步的材料上，浇入余下的挞液。

烘焙

8 放入180℃的烤箱中烘焙23分钟。触摸蔬菜挞，感觉挞液凝结即可。从烤箱中取出晾凉。

制作配料

🟤 什锦香料

其自然的香气连不喜欢香料的人都可以接受。

独特的调和方法可以突出点心的香甜。

※此款香料可混入磅蛋糕、戚风蛋糕、曲奇的蛋糕糊中。

材料

※数字代表配比，也可直接换算成重量（克）。

肉蔻（整个）1
姜粉（粉末和完整生姜各半）2
丁香（粉末和完整丁香各半）2
绿茴香（粉末）2
　※法国产香味大。也可以用多香果、
茴香来代用。
桂皮（粉末）2.5

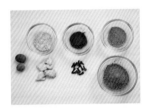

制作方法

1 肉蔻和姜粉用细筛网过筛。

2 丁香用擂钵或搅拌器打碎。图为泰国制的石臼。

3 各材料混合在一起后不过筛直接使用。1周以内要用完，否则味道会变淡。

🟤 煮红豆

发挥豆类的风味，红豆充分吸收刚刚没过红豆的汤汁后制作而成。

※将其掺在玛芬、磅蛋糕、戚风蛋糕的蛋糕糊中。其味道与腌樱花、抹茶也很相称。

材料

红豆（干燥）　300克
细砂糖　195克
盐　少许（约1/10小勺）

制作方法

1 洗净红豆，放入锅中加大量的水加热。煮沸后红豆裂开放在笊篱上。

2 锅中加水，刚刚没过红豆点火加热。水太多会丧失豆类的风味，且煮好后要将多余的水倒掉，一定要调整水量。煮沸后关小火。

3 盖盖子煮40分钟左右将豆子煮软。汤汁减少要添加适量的水，注意不要让豆子露出水面。红豆的硬芯消失即熬煮完毕。煮好后汤汁为红豆1/2的量最理想，要倒掉多余的汤汁。

4 一次性加入材料中的砂糖和盐，搅拌煮烂。然后煮7~8分钟关火。

5 放置一晚，红豆充分吸收汤汁、味道稳定后可用。

🌸杏肉果酱

拥有爽口的酸味和沁人心脾的微甜。
是一款可以体会杏肉新鲜的果酱。

材料

甜杏罐头（Gold leaf牌）
　　200克（滤除糖水后）
柠檬汁　6毫升
细砂糖　100克
　果酱粉　6克
　细砂糖　12克
水饴　26克

制作方法

1 甜杏放入搅拌机搅拌成泥。搅拌机发动不起来时加入1大勺的罐头糖水。倒入锅中加柠檬汁、一半糖加热。

2 果酱粉和糖用水搅拌。果酱粉单独搅拌容易凝结，一定要加糖搅拌。

3 步骤1的材料沸腾后关火一次性加入步骤2的材料，迅速用搅拌器翻搅，利用材料的余温将果酱粉溶化。

4 开火加入余下的糖煮沸后，小火熬煮2~3分钟。

5 加入水饴溶化后，小火煮开熬3~4分钟。尝一下，若酸味不够加入柠檬汁。

6 待刮刀可以在锅底划出一条线，果酱就做好了。如果太硬就加1大勺的水。

🌸树莓酱

是一款充分突出树莓酸味、口感清爽的果酱。

🍃啫喱

拥有柠檬天然的风味。

水果等可以凝结成冻的东西皆可。

※可应用于草莓蛋糕中的草莓或其他水果的装饰。

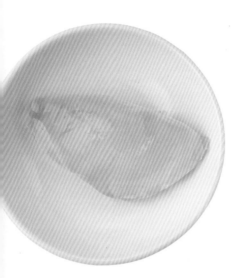

材料

水 65克

细砂糖 22克

[果酱粉 3克

[细砂糖 3克

柠檬汁 6毫升

制作方法

1 小锅中加入水和糖加热。

2 沸腾后关火，加入混合好的砂糖和果酱粉，搅拌至其溶化。

3 再次点火，待表面平整后加入柠檬汁，关火。

4 用滤茶网等工具过滤。放入容器中盖上盖子冷藏保存。

材料

冷冻树莓

（乐果纷品牌的完整树莓） 230克

水 50克

[果酱粉 12克

[细砂糖 20克

水饴 90克

细砂糖 170克

制作方法

1 锅中加入树莓和水加热。树莓不必使用刮刀碾压，会自然碎掉。

2 解冻后煮开后关火，倒入混合好的砂糖和果酱粉。然后迅速用搅拌器搅拌均匀，否则容易结块。

3 再次开火，小火熬煮2~3分钟后先加入一半量的糖和水饴。再熬煮4~5分钟后加入余下的糖和水饴小火熬煮4~5分钟。

4 整体浓稠，出现光泽后即成。

蛋糕用具和材料

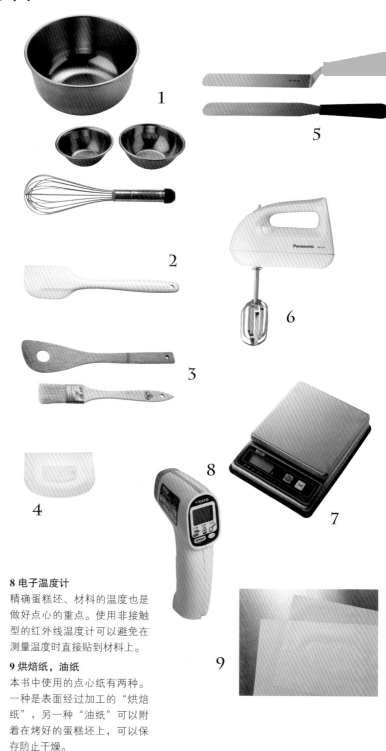

1 搅拌盆，搅拌器

主要使用的搅拌盆是口径21厘米、深11厘米的"无印良品"不锈钢制品。底部很宽、很深，最适合打发搅拌。最后把其他的中号（口径17厘米）、小号（口径13厘米）搅拌盆也备齐。主要使用的搅拌器长28～30厘米。若搭配小号搅拌盆，配一个短柄搅拌器（长约20厘米）会很方便。

2 刮刀

使用耐热性硅胶树脂材质，"柔韧"适中的"橡皮刮刀"。选用手柄和刀面连成一体的类型比较卫生。刮刀除搅、翻等功能外，还由于其耐热，在熬煮果酱或奶油时也十分有用。

3 木铲，毛刷

木铲用来碾压较硬材料、细筛过滤等需要用力操作时使用。毛刷无论是在烤好蛋糕后刷糖水，还是最后涂果酱都不可缺少。建议选择毛长、不易脱落的优质商品。

4 刮片

建议使用软硬适当的刮片。除翻、搅、抹平，还可以用于细筛过滤。

5 抹刀

用于草莓蛋糕等点心的奶油、果酱的涂抹，或戚风蛋糕烤好后的脱模。直抹刀和曲抹刀两种备齐比较方便。

6 电动搅拌器

建议使用松下出品的电动搅拌器。不要使用前端窄小或细钢丝制的搅拌头。

7 电子秤

精确到以克为单位的电子秤是点心制作的必备品。也有精确到0.1克单位的类型，虽然价格稍贵。

8 电子温度计

精确蛋糕坯、材料的温度也是做好点心的重点。使用非接触型的红外线温度计可以避免在测量温度时直接贴到材料上。

9 烘焙纸，油纸

本书中使用的点心纸有两种。一种是表面经过加工的"烘焙纸"，另一种"油纸"可以附着在烤好的蛋糕坯上，可以保存防止干燥。

13 砂糖（细砂糖，糖粉，黄糖，水饴）

砂糖都是细砂糖"小颗粒"品种（熬化水饴时也可以用普通细砂糖替代）。这是由于其颗粒较细，在温度较低状态下也能迅速溶解，且易使空气渗入材料中，对之后的操作起到推动作用。若没有"小颗粒"，将普通细砂糖放入搅拌机打碎也可。其他砂糖中，糖粉用在重视口感的点心中；黄糖可以增加风味；水饴则加在制作有韧性的点心中。

14 面粉

烘焙点心用的面粉使用了日清"紫罗兰"面粉，只在突出轻盈口感的蛋糕卷中使用了"特级紫罗兰"面粉。后者面粉较细，可做出轻盈的蛋糕坯，但也容易结块，使用时要小心。

15 淡奶油

本书介绍的点心均使用乳脂含量45％的奶油。没有使用低脂和植物性脂肪的淡奶油。

16 香草枝

使用了很香且没有怪味的马达加斯加产的香草枝。

17 巧克力、泡打粉

巧克力选用考维曲的点心专用巧克力。使用时可以自由组合可可的不同含量、各厂家的产品。本书使用了可可含量64％的PECQ公司出产的"Super 瓜瓦基尔（可可64％）"，可可百利公司含55％可可的"Excellence"。可可粉选用梵豪登牌产品。

18 冷冻水果

选用香味大的乐纷产品。类型有完整果粒或果泥，要依用途进行选择。

10 裱花袋，裱花嘴

裱花袋选择耐用的涤纶材质，可清洗后反复使用。裱花嘴备齐花形、圆形等类型。

11 锅

使用厚不锈钢锅。厚一些锅中材料可均匀受热，而且蓄热性高，需要加工的材料会又快又好。

12 无盐黄油，无盐黄油（发酵）

一般使用的是无盐黄油，但有些点心会指定使用"发酵黄油"。这是因为黄油一旦乳酸发酵会有一种特别的酸味，可提升食物的风味和醇香。

小嶋留味

生于日本鹿儿岛，日本大学艺术系音乐专业毕业。
与丈夫——厨师小嶋昇结婚后迈向点心制作行业。在东京制果学校学成后
在新宿中村屋"Gloriette"咖啡店跟随横沟春雄实习。1987年在东京小金
井市开设蛋糕作坊"Oven·mitten"。1989年开设点心教室。2006年店
铺搬迁，现在蛋糕店内兼营咖啡、点心课堂。出版了一些与点心相关的著
作，其中介绍的食谱通俗易懂，受到读者广泛好评。